Ich bin Chemikerin und unternehme

Aristide MUNVERA MFIFEN

Ich bin Chemikerin und unternehme

Band 1

ScienciaScripts

Imprint
Any brand names and product names mentioned in this book are subject to trademark, brand or patent protection and are trademarks or registered trademarks of their respective holders. The use of brand names, product names, common names, trade names, product descriptions etc. even without a particular marking in this work is in no way to be construed to mean that such names may be regarded as unrestricted in respect of trademark and brand protection legislation and could thus be used by anyone.

Cover image: www.ingimage.com

This book is a translation from the original published under ISBN 978-3-639-52429-1.

Publisher:
Sciencia Scripts
is a trademark of
Dodo Books Indian Ocean Ltd. and OmniScriptum S.R.L publishing group

120 High Road, East Finchley, London, N2 9ED, United Kingdom
Str. Armeneasca 28/1, office 1, Chisinau MD-2012, Republic of Moldova, Europe

ISBN: 978-620-5-72310-4

Inhalte

Einführung

Der Physiker Matthias Fink, Professor an der ESCPCI ParisTech, Gründer und ehemaliger Direktor des Institut Langevin "Ondes & Images", sagte einmal: "*Ich bin ein Erfinder, der an ein öffentliches Labor gebunden ist und der, wenn er etwas erfindet, versucht, andere davon zu überzeugen, Start-up-Unternehmen zu gründen*", was im Wesentlichen bedeutet, dass wir die Welt trotz unserer Vorrechte verändern wollen, dass wir uns mit Innovation und finanzieller Unabhängigkeit zufriedengeben. Ja, finanzielle Unabhängigkeit, das ist die heutige Realität in der Welt, wir alle brauchen sie auf einem bestimmten Niveau und können sie nicht erreichen, indem wir für jemand anderen arbeiten. Es stimmt, dass es gut bezahlte Jobs gibt, die sogar einen gewissen Lebensstandard ermöglichen können. Aber das ist nichts im Vergleich zu dem Reichtum, den eine Person durch Selbstständigkeit erwerben könnte.

Dieser Trend hat alle mitgerissen, auch den Chemiker. Wie kann es sein, dass der Chemiker in eine solche Spirale gerät, wo er doch eigentlich eine Person ist, die einen großen Beitrag zur Verbesserung der Qualität unseres Lebens, zum Schutz der Umwelt und zur Schaffung von Arbeitsplätzen und Wohlstand leistet? Die wahrscheinlichste Erklärung ist, dass die Brücke zwischen dem Labor des Chemikers und der Gesellschaft nicht existiert, denn wie Dupont, William Colgate und Ernest Solvay muss der Chemiker unternehmerisch tätig sein.

Dies gilt umso mehr, als das Konzept des Unternehmertums von den ersten Schritten des Chemielernenden an integriert werden sollte.

Mit der Explosion der Arbeitslosigkeit, der Knappheit an Arbeitsplätzen und den Krisen in einigen Regionen der Welt, die auch den Staat Kamerun betreffen, neigt der Chemiker dazu, sich der Klasse der Inaktiven anzuschließen, obwohl er mit unternehmerischen Fähigkeiten begabt ist. Er muss sich daher der Tatsache bewusst sein, dass Multidisziplinarität der Schlüssel ist, um in diesem Zeitalter zu bestehen.

Jean-Marie Lehn, Nobelpreisträger für Chemie 1987, sagt: "*Um in einem Bereich voranzukommen, muss man ihn vollständig besitzen*", und spricht damit von den Grenzen der Multidisziplinarität. Er hat zwar Recht, aber die Entwicklung der heutigen Welt kann den Chemiker nicht auf sein Labor beschränken. Er muss, ob er will oder nicht, wissenschaftlich, wirtschaftlich und gesellschaftlich Einfluss nehmen. Dies zwingt ihn in gewissem Maße dazu, sich über das, was um ihn herum geschieht, zu informieren. Der Chemiker darf also nicht mit Recht, Wirtschaft, Philosophie, Politik, Soziologie oder Digitaltechnik fremdeln.

Muss ein Chemiker multidisziplinär sein, wenn er unternehmerisch tätig sein will? Ja, das ist meine Überzeugung. Der Begriff "multidisziplinär" bezieht sich auf mehrere verschiedene Fachgebiete, wie Jean-Marie Lehn sagt. Die Vorsilbe *"pluri, trans, inter, bedeutet über die Disziplin hinweg, von einer zur anderen zu wechseln"*. Ein Phänomen, das damals noch nicht so häufig zu beobachten war. Er sagt: *"Die Bereiche sind mit der Zeit komplexer geworden. In der Chemie zum Beispiel geht es darum, Materie zu verändern, aber das kann durch verschiedene Ansätze geschehen."* Daher kann Multidisziplinarität auf verschiedene Weise praktiziert werden. Entweder, indem man sich selbst genügend Wissen in verschiedenen Bereichen aneignet, um an der Spitze seiner Entwicklungen zu stehen, was als Autodidaktik bezeichnet wird. Oder indem man Kooperationen mit Kollegen aus anderen Disziplinen eingeht. Oder indem man Experten aus diesen Bereichen hinzuzieht.

Für den kamerunischen Chemiker ist Unternehmertum also keine Option, sondern eine Pflicht. Das vorliegende Buch ist in zwei Bände gegliedert. Der erste Teil behandelt die Grundlagen, die ein Chemiker, der ein Unternehmen gründen möchte, beherrschen sollte, und gibt einen kurzen Überblick über die Bereiche, in denen er in einem frühen Stadium tätig ist. In diesem Buch werden nicht die Prozesse der Unternehmensgründung behandelt, sondern vielmehr die Werkzeuge, die ein Chemiker in Bezug auf die Kultur beherrschen muss, wenn er ein Unternehmen gründen möchte. Da sich das Buch an alle Chemiker richtet, wurde der Fall des forschenden Chemikers, der im Anschluss an seine Forschungsarbeit ein Unternehmen gründen möchte, nicht ausführlich behandelt. Der zweite Band soll die verschiedenen Verfahren und Mechanismen für die Entwicklung eines Unternehmens oder einer Industrie erläutern, angefangen vom Rohstoff bis hin zur Industrialisierung und Dienstleistung. Wir hoffen, dass der Chemiker nach der Lektüre sein Genie für den Fortschritt der Menschheit einerseits und für die Entwicklung Kameruns andererseits nutzen kann.

Für unsere Leserinnen und Leser ist es wichtig, dass der Begriff Chemiker sowohl in männlicher als auch in weiblicher Form verwendet wird, um die Gleichberechtigung der Geschlechter zu gewährleisten. Wir hoffen, dass sich der angehende Chemieunternehmer nach dieser Lektüre seines Potenzials und seiner Chancen bewusst wird. Wir wünschen Ihnen viel Spaß bei der Lektüre und stehen Ihnen für Kritik zur Verfügung.

Kapitel I
der chemiker und die ethik

"*Die Chemie muss sich täglich entschlossen engagieren, um den gesellschaftlichen und ökologischen Herausforderungen der heutigen Welt gerecht zu werden und so ein nachhaltiges Wachstum zu gewährleisten*", sagte Luc Benoit- Cattin, der am 24. April 2019 zum Präsidenten von "France Chimie" gewählt wurde. Das bedeutet im Wesentlichen, dass der Chemiker von heute nicht nur neue Moleküle kreieren, sondern auch zur Architektur der wirtschaftlichen Entwicklung eines Landes beitragen muss. Um dies zu tun, muss er mit einer Ethik und einem Denksystem ausgestattet sein, die seine Vorgehensweise strukturieren und sich letztendlich auf das Wirtschaftswachstum auswirken. Was ist also die Ethik eines Chemikers und wie versteht er seine Wissenschaft?

I. Wichtige ethische Fragen, mit denen Chemiker konfrontiert sind

Dieser Teil behandelt die ethischen Probleme, die mit der Praxis der Chemie verbunden sind. Die Chemie befindet sich zwischen Theorie und Praxis. Sie ist eine Wissenschaft, die sich mit Molekülen jeglicher Herkunft und Größe befasst, die das menschliche Leben direkt beeinflussen.

Chemiker erfinden, entdecken, kreieren, komponieren oder stellen jedes Jahr Tausende von neuen Substanzen her. Viele davon sind nützlich, andere schädlich. Seit dem Aufkommen der Industrie hat die Chemie durch ihre Leistungen dazu beigetragen, die Umweltverschmutzung durch das Recycling von Abfällen zu verringern und die menschliche Gesundheit durch die Herstellung von Medikamenten, Implantaten, Reagenzien, Verbrauchsgütern oder Materialien aller Art zu verbessern. Diese Wissenschaft ist zwar nobel, aber auch umweltschädigend und produziert Substanzen wie Drogen, Betäubungsmittel und Gegenstände, die die menschliche Gesundheit gefährden.

Ein Chemiker sollte sich eine Reihe von Fragen stellen, deren Antworten seine Argumentation und seine Ethik leiten:

- Wie kann man mithilfe der Chemie die Gesundheit und Sicherheit des Planeten erhalten und verbessern?
- Was sind die Rollen und Folgen von chemischen Verbindungen.
- Wie werden chemische Verbindungen hergestellt und gehandhabt?
- Welche Verantwortung tragen Chemiker in Bezug auf die Herstellung von Produkten wie Waffen und Drogen?
- Welche guten Laborpraktiken sollten die Tätigkeit des Chemikers leiten, um eine optimale Produktivität zu erreichen?

Diese Antworten können nicht ausgeschöpft werden, ohne sich auf verwandte Disziplinen und eine gewisse Deontologie zu berufen. Aus dieser Erkenntnis heraus sollte der Chemiker immer wieder nach dem Warum? und dem Wie? der Dinge fragen, um seinen Teil zum Bau dieser Welt beizutragen.

II. Grundlegende Definitionen

Um zu verstehen, worum es in diesem Kapitel geht, erschien es uns wichtig, einige Begriffe aufzulisten, die für das Verständnis der Beziehung zwischen Chemiker und Ethik notwendig sind. Es handelt sich um die folgenden Begriffe:

1) **Die Wissenschaft: Sie** ist die auf Erkenntnis ausgerichtete Forschungstätigkeit. Sie versucht, Phänomene zu beschreiben, indem sie die kausalen Zusammenhänge zwischen ihnen identifiziert.
2) **Technik**: Sie ist die Tätigkeit der Herstellung und Verarbeitung. Sie besteht darin, ein Material zu manipulieren, um einen Gegenstand herzustellen.
3) **Technologie:** Dieser Begriff wird verwendet, um über bestimmte spezifische technische Bereiche zu sprechen.
4) **Technowissenschaft:** Dieser Begriff bezieht sich auf die Materialisierung der Abhangigkeit zwischen Wissenschaft und Technik.
5) **Chemie:** ist die Naturwissenschaft, die sich mit der Untersuchung der Zusammensetzung der Materie und ihrer Umwandlungen befasst.
6) **Chemische Synthese:** Die **chemische Synthese** ist eine Abfolge von chemischen Reaktionen, die von einem Chemiker absichtlich durchgeführt werden, um ein oder mehrere Endprodukte zu erhalten, manchmal unter Isolierung von Zwischenverbindungen.
7) **Ethik** von griechisch: *ethos*: bezieht sich auf die argumentative Reflexion im Hinblick auf das richtige Handeln. Die Ethik befasst sich mit der Frage nach den moralischen Werten und Prinzipien, die unser Handeln in verschiedenen Situationen bestimmen sollten, um in Übereinstimmung mit diesen zu handeln. Es gibt drei Hauptbereiche, in denen sie sich ausdehnt:
a) Normative oder substantielle Ethik (consequentia=Liste, deontologische oder Tugendethik)
b) Meta-ethisch = Moralphilosophie
c) Angewandte Ethik (nach Fachgebieten), konkrete Situationen, Unterstützung bei der Entscheidungsfindung Warum braucht das Gesundheitswesen Ethik? Medizinische Sterbehilfe, Kohlenwasserstoffe

8) **Die Moral** (lateinisch: *mores* = Mauern) ist die Gesamtheit der Werte, die zwischen gut und böse, gerecht und ungerecht, akzeptabel und inakzeptabel unterscheidet. Manchmal wird sie mit Ethik gleichgesetzt.
9) **Deontologie:** ist die Gesamtheit der ethischen Prinzipien und Regeln, die eine Tätigkeit steuern und leiten.

III. Die moralische Gemeinschaft des Chemikers

Der Chemiker ist nicht allein auf der Welt, er interagiert mit seiner Umwelt und mit anderen und unterliegt daher dem Prinzip der Gemeinschaft. In diesem Fall handelt es sich um eine moralische Gemeinschaft. Diese kann vielfältig sein:

J Wie Robert Sinsheimer sagte, gehören alle Chemiker gleichzeitig mehreren Gemeinschaften an, und jeder hat seinen eigenen Aufgabenbereich,

J Der Chemiker ist Angehöriger eines Berufsstandes, der der breiten Berufsethik der Wissenschaft und den spezielleren Ethikkodizes der Chemie unterliegt.

J Fast alle Chemiker sind bei einer Institution angestellt, einem College oder einer Universität, einer Regierung oder einem privaten Forschungslabor, einer Regierungsbehörde oder einem Unternehmen. Jeder von ihnen hat seine eigene Kultur und seine eigenen Erwartungen. Da ein gro?er Teil der Chemiker in der Industrie angestellt ist, ist der Einfluss der Institution ein Faktor, der fur die Ethik der Chemie wichtiger ist als fur fast jeden anderen Zweig der Wissenschaft.

J Alle Chemiker sind Mitglieder der menschlichen Gemeinschaft und haben die gleichen moralischen Verpflichtungen wie alle anderen.

Die Tatsache, dass der Chemiker gleichzeitig diesen verschiedenen Gemeinschaften angehört, führt oft zu moralischen Dilemmas. Zum Beispiel: "*Wann hat die moralische Verantwortung des Chemikers als Mitglied der menschlichen Gemeinschaft Vorrang vor den Verpflichtungen gegenüber einer Institution oder einem Land?". Es sei darauf* hingewiesen, dass die moralische Landschaft durch die religiösen Überzeugungen und Praktiken des Wissenschaftlers noch weiter verkompliziert werden könnte. Diese können nämlich bestimmte moralische Entscheidungen stark beeinflussen.

IV. Die Motivationen des unternehmerischen Chemikers im Angesicht der Moral

A) Motivation

Eine der Aufgaben des unternehmerischen Chemikers ist es, ein neues Molekül zu entwickeln. Er muss sich daher mit einer Forschungsmethode ausstatten oder sich von Pasteurs und Edisons Quadrantenmodell inspirieren lassen:

		Consideration of Use?	
		No	Yes
Quest for fundamental understanding?	Yes	Pure fundamental research (Bohr)	Use-inspired basic research (Pasteur)
	No		Pure applied research (Edison)

Abbildung 1: Quadranten von Pasteur und Edison

In Anlehnung an dieses Modell lässt sich beobachten, dass die Synthese durch eine mögliche Verwendung der neuen Substanz motiviert sein kann. Es entstehen also mehrere ethische Fragen.

Wozu soll die neue Substanz verwendet werden? Das ist die Frage, die sich ein unternehmerischer Chemiker stellen sollte, vor allem wenn man bedenkt, dass es mindestens sechs Hauptkategorien von

Chemikalien gibt, die in der modernen Gesellschaft verwendet werden:

J Strukturchemikalien, Massenkunststoffe und Kunstfasern.
J Landwirtschaftliche Produkte, Pestizide, Herbizide und Düngemittel.
J Medikamente.
J Prozesschemikalien, sowohl für den industriellen als auch für den häuslichen Gebrauch.
J Körperpflegeprodukte wie Seifen und Kosmetika.

J Chemikalien, die mit Lebensmitteln in Verbindung stehen. Diese würden Massengüter wie Salz und Zucker, aber auch Lebensmittelzusatzstoffe wie Aromen und Konservierungsstoffe umfassen.

Ausgehend von diesen Hauptkategorien lässt sich feststellen, dass es eine Vielzahl von Molekültypen gibt, die ein Chemiker versuchen könnte herzustellen, so dass seine Entscheidung, ein neues Molekül zu synthetisieren, wissenschaftliche, wirtschaftliche und ethische Erwägungen berücksichtigt.

Es gibt also drei Faktoren, die bei der Materialisierung eines Produkts durch einen Chemiker berücksichtigt werden müssen:

- Das Forschungsmodell
- Die Art des zu synthetisierenden Produkts
- Das Ziel sucht.

Diese drei Faktoren werden also unterschiedlich gewichtet, je nachdem, ob die Forschung in einem Universitäts- oder Regierungslabor durchgeführt wird, wo der Chemiker eine erhebliche Kontrolle über das hat, was er tut, oder in einem industriellen Umfeld, wo das Forschungsprogramm weitgehend von der Firma bestimmt wird.

Fallbeispiel :

J "Die Bewertung basiert auf dem, was sie ersetzen werden. Wenn der neue Stoff signifikante Vorteile bietet und die meisten Nachteile des derzeit verwendeten Stoffes nicht aufweist, wird er akzeptiert".

"Ein nützliches historisches Beispiel sind die Fluorchlorkohlenwasserstoff-Kältemittel. Zum Zeitpunkt ihrer Einfhrung galten sie als groer Fortschritt, da sie giftige Substanzen wie Methylchlorid und Schwefeldioxid sowie flssiges Ammoniak ersetzten. Erst viel spater wurden die negativen Umweltauswirkungen von Fluorchlorkohlenwasserstoffen entdeckt und die Suche nach benigneren Alternativen eingeleitet. Was ursprünglich als großer Vorteil angesehen wurde, nämlich die chemische Stabilität, stellte sich später als ein großes Umweltproblem heraus, nämlich die Zerstörung des Ozons in der Stratosphäre. Dies ist eine haufige Situation bei der Einfuhrung neuer Chemikalien. Die Bewertung basiert auf dem, was sie ersetzen werden. Wenn die neue Substanz signifikante Vorteile bietet und die meisten Nachteile des derzeit verwendeten Stoffes nicht aufweist, wird sie

akzeptiert".

S Das Problem der unerwarteten biologischen Effekte aufgrund der Existenz **von Chiralitat.**

Der Begriff Chiralität stammt vom griechischen Wort "Kheir" (Hand) und bedeutet im Wesentlichen "Spiegelbild, nicht deckungsgleiche Moleküle". Wenn man also sagt, dass ein Molekül chiral ist, bedeutet das, dass sein Spiegelbild nicht mit ihm selbst identisch ist. Illustration

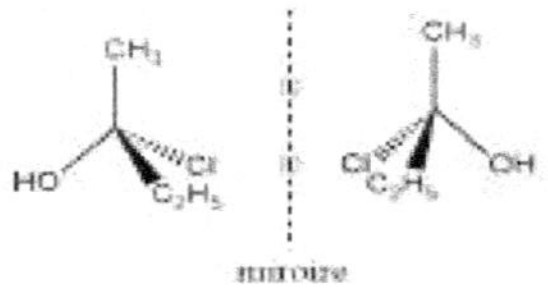

Aus der obigen Darstellung werden diese beiden Verbindungen als stereoisomer bezeichnet und es wäre zu erwarten, dass sie mit signifikant unterschiedlichen biologischen Eigenschaften auf einen Organismus ausgestattet sind.

"Das bekannteste Beispiel ist die traurige Geschichte von (±) - Thalidomid, das zwischen 1957 und 1962 schwangeren Frauen mit Morgenübelkeit verschrieben wurde, aber vom Markt genommen wurde, als es sich als starkes Teratogen herausstellte, das mehrere angeborene Missbildungen verursachte. Thalidomid wurde wie die meisten Medikamente zu dieser Zeit als racemische Mischung verkauft, da die Kosten der Trennung von linker und rechter Form im Vergleich zum Mangel an Wissen über die Unterschiede in den physiologischen Wirkungen der beiden Enantiomere zu hoch waren. Die Untersuchungen, die nach der Rücknahme des Medikaments vom Markt durchgeführt wurden, legen nahe, dass nur eines der Enantiomere teratogen ist, aber die Situation wird durch die Tatsache kompliziert, dass sich das "harmlose" Enantiomer unter physiologischen Bedingungen in die "schädliche" Form umwandelt. Die Contergan-Tragödie führte zu strengeren Vorschriften für Arzneimitteltests und zur verstärkten Produktion von einzigartigen enantiomeren Arzneimitteln (Hoffmann, 1995, Kapitel 27, DeCamp, 1989). "Aus dem Vorstehenden wird deutlich, dass im Vergleich zu Arzneimitteln und einigen landwirtschaftlichen Erzeugnissen, die reguliert sind, die meisten Chemikalien nicht reguliert sind. Daher besteht bei jeder neu geschaffenen Substanz ein großes Risiko unvorhergesehener Folgen.

Ob ein Molekül chiral oder achiral ist, hängt von einer Reihe von sich überschneidenden Bedingungen ab.

J **Die Reinheit** der neuen Substanz

Eine der Herausforderungen bei der Durchführung einer chemischen Synthese besteht darin, ein reines Produkt zu erhalten, das vermarktet werden kann. Die meisten chemischen Reaktionen ergeben kein 100% reines Produkt. In der Regel entstehen unerwünschte Nebenprodukte, deren Entfernung schwierig und kostspielig sein kann. In manchen Fällen enthält die resultierende Substanz trotz ihrer Reinheitsmerkmale Verunreinigungen in geringen Konzentrationen, die oft tödlich sind. "*Ein bekanntes Beispiel ist Dioxin, eine hochgiftige Verbindung, die eine unvermeidbare Verunreinigung des weit verbreiteten Herbizids 2, 4, 5-T ist. Dioxin ist in allen kommerziellen Zubereitungen des Herbizids in unterschiedlichen Konzentrationen vorhanden. Im Prinzip kann es entfernt werden, aber zu welchem Preis? Bei ausreichender Exposition stellt Dioxin eine ernsthafte Gefahr für die Gesundheit dar, aber die praktische Frage ist, ob das Ausmaß der Kontamination groß genug ist, um eine echte Gefahr für die öffentliche Gesundheit darzustellen.*"

B) Was müssen Chemiker synthetisieren?

Soll man Bedarfsmoleküle für die Armen oder Freizeitmoleküle für die Reichen synthetisieren? Oder besser: Soll man Moleküle synthetisieren, um sich zu bereichern?

Chemiker haben in erster Linie die berufliche Verantwortung, dem Gemeinwohl zu dienen und die wissenschaftlichen Erkenntnisse zu fördern. Chemiker müssen sich daher aktiv um die Gesundheit und das Wohlbefinden aller Menschen kümmern. Dies berücksichtigt ihre Kollegen, die Verbraucher und die gesamte Gemeinschaft. Öffentliche Kommentare zu wissenschaftlichen Fragen sollten daher sorgfältig und genau formuliert werden und keine unbegründeten, übertriebenen oder verfrühten Aussagen enthalten (**American Chemical Society, 2012**).

V. Die ethischen Verantwortlichkeiten des Chemikers

Die Beiträge der Chemie sprechen im Laufe der Geschichte für sich selbst. Obwohl sie für den menschlichen Fortschritt von Bedeutung sind, sind sie nicht frei von Bedenken, insbesondere wenn es um die Umweltverschmutzung geht.

Dieser Fortschritt lässt sich mit der Vielzahl der entdeckten Chemikalien identifizieren. Diese Produkte, von denen die meisten synthetisch hergestellt werden, sind zu einem wichtigen Teil unseres Lebens geworden. Dies stellt den Chemiker vor wissenschaftliche und ethische Herausforderungen. In diesem Kapitel werden einige dieser Herausforderungen beschrieben, wobei der Schwerpunkt auf den ethischen Fragen liegt, die sich aus der einzigartigen Natur der Wissenschaft Chemie ergeben.

Wenn eine neue Substanz entwickelt wird, müssen Chemiker über die langfristigen Auswirkungen dieser Verbindung nachdenken. Wenn die Substanz kommerziell genutzt werden soll, muss der Chemieunternehmer Produktionsmethoden entwickeln, die Umwelt- und Ökologieaspekte berücksichtigen und gleichzeitig nicht erneuerbare Ressourcen schonen. Auf einer breiteren Ebene muss er (der Chemiker) die Probleme seiner Gesellschaft untersuchen und sich für die Verbesserung der menschlichen Lebensbedingungen einsetzen, insbesondere für das Leben der Menschen in unterentwickelten Ländern wie Kamerun.

Der Chemiker muss auch über seine Rolle bei der Erhaltung nicht nur der Gesundheit, sondern auch der Sicherheit des Planeten nachdenken. Seine Handlungen sollten auch bei der Entwicklung von Waffen eine Rolle spielen.

Schließlich ist die Chemie eine Wissenschaft, die in Labors entsteht, daher ist es wichtig, dass die Laborpraxis den höchsten professionellen und ethischen Standards entspricht.

Anhänge und Referenzen :

- Ethik in der Chemie, Code 161. https://docplayer.*fr/104795670-Ch161-ethique-en-chimie.htm - Hoffmann, 1995, Kapitel 27, De- Camp, 1989*
- *American Chemical Society, 2012*

Kapitel II
der Chemiker und das Recht

Um Geld zu verdienen, muss ein Chemiker die Regeln der Gesellschaft verstehen. Diese Codes berücksichtigen die Gesetze, die sein Umfeld bestimmen, d.h. Recht, Wirtschaft und Soziologie. Dieses Kapitel soll dem unternehmerisch tätigen Chemiker das nötige Rüstzeug für die rechtliche Funktionsweise der chemischen Praxis in Kamerun vermitteln. Das Ziel dieses Buches ist es, den Chemiker darüber zu informieren, was er in Bezug auf die Gesetze wissen muss, wenn er sich in Kamerun als Chemieunternehmer betätigt.

I. Begriffe Recht und Gesetz
I-1. Das Recht

Vom lateinischen "*directus*", gerade Linie, direkt, hat das Wort "gerade" mehrere Bedeutungen.

Erstens bedeutet Recht die Fähigkeit, eine Handlung auszuführen, etwas zu genießen, es zu beanspruchen, zu fordern. **Beispiele:** das Recht zu wählen, im Recht zu sein.

Zweitens ist ein Recht eine Steuer, deren Zahlung es ermöglicht, etwas zu nutzen oder zu realisieren, oder die einem Recht einen Vorteil, ein Vorrecht verleiht. **Beispiel:** Urheberrecht.

Drittens ist das Gesetz die Gesamtheit der allgemeinen Regeln, die die Beziehungen zwischen den Individuen regeln und ihre Rechte und Vorrechte sowie das, was obligatorisch, erlaubt oder verboten ist, definieren.

Objektives und subjektives Recht

Das subjektive Recht ist jenes RECHT, das sich mit den Vorrechten befasst, die dem Menschen als menschlicher Person und Rechtssubjekt zugeschrieben werden. Jeder von uns hat sein subjektives Recht.

Beispiel: Ich habe das Recht zu warnen und zu werden, du hast das Recht auf Leben, er hat das Recht auf Arbeit.

Andererseits bezeichnet man die Gesamtheit der in einem Land geltenden verbindlichen Rechtsregeln und -normen als "objektives Recht". Ihre Verletzung kann zu einer Sanktionierung durch die öffentliche Gewalt führen.

Das objektive Gesetz ist allgemein und unpersönlich formuliert. Es richtet sich an alle Personen, die den Gesellschaftskörper bilden.

Das objektive Recht ist auch unter anderen Namen bekannt: Es wird auch als positives Recht oder Rechtssystem bezeichnet.

Was ist positives Recht?

Wie bereits begonnen, muss die Klärung des Konzepts des "positiven Rechts" fortgesetzt werden, da sie wirklich wesentlich ist.

Der Begriff setzt sich aus den beiden Wörtern "Recht" und "Positiv" zusammen und leitet sich etymologisch vom lateinischen "*directus*" und "*positus*" (stellen, platzieren, begründen) ab. So bezeichnet "positives Recht": die Gesamtheit der Rechtsordnungen, die in einem Staat oder einer Gruppe von Staaten tatsächlich gelten.

Es ist zum Beispiel zu beachten, dass alle in Burkina Faso geltenden Rechtsregeln das positive burkinische Recht sind und die in der Demokratischen Republik Kongo geltenden Rechtsregeln die positiven Gesetze dieses Landes sind. Aber für alle oben genannten Länder bleibt das angenommene Rechtssystem das gleiche. Es ist das römisch-germanische System (das als Zivilrecht oder kontinentales Recht bezeichnet wird).

So sind alle in diesem Rechtssystem erfassten Rechtsbegriffe in allen Staaten, die das gleiche Rechtssystem anwenden, gemeinsam und gültig. Beispiele für Länder, die das gleiche Rechtssystem (römisch-germanisches Recht oder Zivilrecht) anwenden, sind in Afrika: Benin, Burkina Faso, Kamerun (französischsprachiger Teil), Elfenbeinküste, Zentralafrikanische Republik, Republik Kongo, Demokratische Republik Kongo, Mali, Marokko, Niger, Senegal, Tschad, Togo. Deutschland (früher). Daher übernehmen alle frankophonen afrikanischen Länder das gleiche Rechtssystem.

Neben diesen Ländern, die das Zivilrecht, d.h. das römisch-germanische oder kontinentaleuropäische Recht, anwenden, gibt es auch solche, die das Common Law, d.h. das angelsächsische Recht, anwenden. Doch trotz dieser unterschiedlichen Rechtssysteme gehören fast alle afrikanischen Länder demselben positiven Recht an, das von der Afrikanischen Union erlassen wurde. Dies ist das positive afrikanische Recht (Gemeinschaftsrecht). Ein Beispiel hierfür ist die Afrikanische Charta der Menschenrechte und Rechte der Völker (ACHPR). Ebenso gibt es ein positives internationales Recht. Dieses positive Recht wird durch Gesetze mit universeller Gültigkeit (internationale Konventionen) wie die Charta der Vereinten Nationen von 1945 geregelt.

Es ist zu beachten, dass das positive Recht geschrieben und veröffentlicht wird. Die Einhaltung dieses Rechts wird durch die Anrufung der Gerichte sanktioniert, die mit seiner Anwendung beauftragt sind. Es besteht aus allen offiziellen Rechtsdokumenten: Gesetze, Verordnungen, Verwaltungsvorschriften, Verfahrensregeln und Urteile.

Auf internationaler Ebene besteht das anwendbare positive Recht aus allen geltenden Abkommen und Verträgen.

Wir haben diese Details hervorgehoben, um die Aufmerksamkeit auf die Tatsache zu lenken, dass "Gesetz ist Gesetz". Jeder, der weiß, wie es funktioniert, kann es überall anwenden, wo es nötig ist.

Der Inhalt des Faches Recht

In einem Rechtsstaat könnte man traditionell von Privatrecht und öffentlichem Recht sprechen. Dies wird als "SUMMADIVISIO" bezeichnet. Zu diesen beiden Zweigen kam das Wirtschafts- und Sozialrecht hinzu, das auch als "Wirtschaftsrecht" bezeichnet wird.

Öffentliches Recht

Das öffentliche Recht besteht aus der Gesamtheit der Regeln, die sich auf die Beziehungen zwischen dem Staat und sich selbst oder zwischen dem Staat und Privatpersonen beziehen. Dieses Recht umfasst insbesondere :

- *Verfassungsgesetz ;*
- *Verwaltungsgesetz ;*
- *Steuerrecht ;*
- Völkerrecht (Traktatrecht, Seerecht, Recht der Staatenlosen usw.)

Das Privatrecht

Das Privatrecht ist die Gesamtheit der Regeln, die die Beziehungen zwischen Personen regeln. Es umfasst unter anderem :

- *Zivilrecht (Personenrecht, Familienrecht, Eigentumsrecht, Schuldrecht, Erbrecht usw.) ;*
- *Ländliches Recht;*
- *Internationales Privatrecht.*

Wirtschafts- und Sozialrecht

Das Wirtschaftsrecht ist das Recht, das den Wirtschaftssektor, die Arbeitswelt, regelt. Trennung oder Demarkation zwischen öffentlichem und privatem Recht. Zu nennen sind hier: - *Handelsrecht - Bankrecht, - Flugrecht, - Gewerbliches Eigentumsrecht, - Wettbewerbsrecht, - Verbraucherrecht, etc.* Im Allgemeinen fallen jedoch sowohl das Wirtschafts- als auch das Sozialrecht in den Bereich des Privatrechts.

Was das Sozialrecht betrifft, so handelt es sich dabei vor allem um das Arbeitsrecht, das Sozialversicherungsrecht

Gemischte Rechte

Es handelt sich um Rechte, die zwischen öffentlichem und privatem Recht aufgeteilt sind. In dieser Kategorie können wir auf das Strafrecht verweisen.

Menschenrechte.

Die Menschenrechte gehen jedoch viel weiter: Sie sind nicht nur in öffentliches und privates Recht unterteilt, sondern auch in Wirtschafts- und Sozialrecht. Einige Autoren fügen jeder dieser Unterteilungen des Rechts noch ***das Richterrecht*** hinzu.

Da das ***Justizielle*** die Gesamtheit aller Aspekte der Justiz ist, befasst sich das Justizrecht mit der Organisation der gerichtlichen Zuständigkeit (OCJ) und den Verfahren. In diesem Zusammenhang ist es wichtig, wie bereits erwähnt, darauf hinzuweisen, dass es mehrere Rechtssysteme gibt, von denen die wichtigsten sind:

- ***Das romanisch-germanische*** oder zivilrechtliche ***System,*** zu dem die genannte Klassifikation gehört;
- ***Das angelsächsische System*** oder das ***Common Law***

- ***Das religiöse System*** (Kirchenrecht, islamisches Recht.)

Diese Unterschiede im Rechtssystem setzen voraus, dass es Himmel gibt, in denen die verschiedenen Unterteilungen des Rechts, die wir gerade erwähnt haben, nicht ihre Berechtigung finden.

I-2. Das Gesetz

Das Wort Gesetz ist ein allgemeiner Begriff für eine allgemeine und dauerhafte Regel, Norm, Vorschrift oder Verpflichtung, die von einer souveränen Behörde, d. h. der Legislative, ausgeht. Im weiteren Sinne ist das Gesetz die Gesamtheit der Gesetze. Das Gesetz ist für alle Individuen einer Gesellschaft verbindlich und seine Nichteinhaltung wird durch die öffentliche Gewalt sanktioniert. Es ist die Hauptquelle des Rechts. Das Gesetz ist das geschriebene Recht.

Da das Gesetz eine Rechtsquelle ist, wo sollte der Chemiker das Gesetz finden, um es zu kennen, da uns oft gesagt wird, dass "das Gesetz gesagt hat" oder besser, dass "niemand das Gesetz ignorieren soll". Die Tatsache, dass der Chemiker kein ausgebildeter Jurist ist, entbindet ihn nicht von diesem Prinzip. Selbst Juristen kennen nicht automatisch alle Gesetze, da diese fast jeden Tag gemacht und verworfen werden. Das Privileg, das sie haben, ist jedoch, dass sie wissen, wo sie die Gesetze im Bedarfsfall herholen können.

Von daher, wo man sich befindet Gesetz, das man nicht ignorieren soll?

Wenn man auf die Tatsachen der Gesellschaft achtet und beobachtet, wie diese Gesellschaft funktioniert, kann man sagen, dass die Gesetze in der Verfassung, den Dekreten, den internationalen Abkommen usw. geschrieben stehen.

J Verfassung,

J Traites, Internationale Übereinkommen,
J Gesetz, Kodex, Verordnung,
Allgemeine Rechtsgrundsätze
J Reglement,
Dekret,
Aufhören,
J Rundschreiben, Richtlinien
J Verträge.
Dies steht im Einklang mit der Meinung eines erfahrenen Beobachters.

Bevor wir diese verschiedenen Konzepte erklären, sollten wir uns daran erinnern, dass ein Gesetz nicht unbedingt geschrieben sein muss. Es kann auch stillschweigend (nicht formuliert) sein.

- Die Verfassung

Eine Verfassung ist das Grundgesetz eines Staates. Sie ist die Gesamtheit der Rechtstexte, die die Institutionen des Staates definieren und regeln und sie organisieren. Mit anderen Worten: Die Verfassung legt die Rechte und Freiheiten der Bürger sowie die Organisation und Aufteilung der politischen Macht (Legislative, Exekutive, Judikative) fest und beschreibt, wie die verschiedenen Institutionen, aus denen sich der Staat zusammensetzt, aufgebaut sind und funktionieren. Die Verfassung besteht nicht immer aus einem einzigen Text, sondern kann auch in mehreren anderen Texten enthalten sein, die die gleiche Kraft wie die Verfassung selbst haben; in diesem Fall spricht man von einem "Verfassungsblock". Dies bedeutet, dass das Grundgesetz in einigen Fällen nicht nur an die Verfassung gebunden ist.

Beispiel: ***Ist die Präambel formell Teil des "bloc de constitutionnalite"?*** *Welche Rechtsnatur hat sie? Die Präambel der Verfassung von Kamerun ist Teil des "bloc de constitutionalite". In Artikel 65 der Verfassung vom 18. Januar 1996 heißt es: "Die Präambel ist integraler Bestandteil der Verfassung". Die Präambel hat done den gleichen Wert wie der Hauptteil der Verfassung* (**7. KONGRESS DER ACCPUF**)

Der Chemiker muss also integrieren, dass es sich bei der Verfassung allein oder beim gesamten Verfassungsblock um das Grundgesetz eines Landes handelt. Das bedeutet, dass alle anderen Texte mit Gesetzeskraft mit dem Grundgesetz übereinstimmen müssen.

Es ist wichtig zu wissen, dass eine Verfassung sehr oft ein schriftliches Dokument ist, was in Großbritannien nicht der Fall ist.

- Menschenhandel und internationale Übereinkommen

Die Begriffe **Vertrag**, Abkommen, Konvention, Vereinbarung und Protokoll werden im Allgemeinen in der Welt der internationalen Beziehungen verwendet, um eine rechtliche Verpflichtung über die Grenzen einer Nation hinaus zu bezeichnen (internationales Recht). Im Allgemeinen wird ein **Vertrag** als ein schriftliches und feierlich unterzeichnetes Abkommen zwischen zwei oder mehr Staaten definiert. Ein **internationales Abkommen** ist eine Art Pakt, eine Willensübereinkunft, die zwischen zwei oder mehreren Staaten geschlossen wird und einem Vertrag ähnelt. Er bezieht sich auch auf das, was in einer Gesellschaft vereinbart wird, um zu *denken und* zu *handeln.* Diese beiden Begriffe (Verträge und internationale Abkommen) nehmen oft die folgenden Bezeichnungen an: Charta, Abkommen, Pakt. Im Vergleich zum "Verfassungsblock" spricht man hier vom "Konventionsblock", der alle internationalen Verträge und Abkommen bezeichnet, die ein Staat mit anderen Staaten und/oder internationalen Organisationen unterzeichnet hat.

Beispiel:

a) ***Übereinkommen über das Verbot chemischer Waffen***

"Das Übereinkommen über das Verbot der Entwicklung, Herstellung, Lagerung und des Einsatzes chemischer Waffen und über die Vernichtung solcher Waffen (noch als Chemiewaffenübereinkommen bezeichnet) wurde am 13. Januar 1993 in Paris feierlich zur Unterzeichnung aufgelegt. Vier Jahre später, im April 1997, trat das Übereinkommen in Kraft." (Übereinkommen über das Verbot chemischer Waffen | OPCW (opcw.org))

b) ***"The Minamata Convention (MC) on mercury",*** (am 16. August 2017 in Kraft getreten, ist ein globaler Vertrag, der die menschliche Gesundheit und die Umwelt vor anthropogenen Emissionen von Quecksilber und seinen Verbindungen schützen soll). Die Republik Kamerun wurde am 24. September 2014 Unterzeichner des Minamata-Übereinkommens.

c) ***Übereinkommen von 1971 über psychotrope Stoffe.*** Ratifiziert von. **Kamerun** am 5. Juni 1981

d) ***Das Stockholmer Übereinkommen über persistente organische Schadstoffe.*** Unterzeichnet von **Kamerun** 05. Oktober 2001, und ratifiziert am 26. Mai 2005.

- Die Gesetze

Ein **Gesetz** kann als ein Text definiert werden, der vom Parlament verabschiedet und vom Präsidenten der Republik entweder auf Vorschlag der Parlamentarier (Abgeordnete oder Senatoren) oder auf der Grundlage eines von der Regierung eingebrachten Entwurfs verkündet wird. Dieses Schema bezieht sich auf Länder, in denen das Zivilrecht gilt.

Beispiel:

1) *Gesetz Nr. 96/12 vom 5. August 1996 über das Rahmengesetz zum Umweltmanagement*

2) *Loi n°77/15 du 6 decembre 1977 portant regiementation des substances explosives et des detonateurs au Cameroun (Gesetz Nr. 77/15 vom 6. Dezember 1977 über die Regulierung von Sprengstoffen und Detonatoren in Kamerun)*

3) *Gesetz Nr. 2018/02a vom 11. Dezember 2018über das Rahmengesetz zur Lebensmittelsicherheit*

4) *Gesetz Nr. 2001-9 vom 23. Juli 2001 zur Festlegung der Organisation und der Modalitäten für die Ausübung des Berufs des Chemieingenieurwesens in Kamerun*

5) *Loi n° 2016/015 du 14 decembre 2016 portant regime general des armes et munitions au Cameroun (Gesetz Nr. 2016/015 vom 14. Dezember 2016 über das allgemeine Waffen- und Munitionsregime in Kamerun).*

Wenn der Gesetzestext aus dem Parlament kommt, spricht man von einem "***Gesetzesvorschlag***", wenn er von der Regierung kommt, von einem "***Gesetzentwurf***".

Ein **Gesetzesvorschlag** ist ein von einem oder mehreren Abgeordneten vorbereiteter Text, der zu einem Gesetz werden kann, wenn er auf die Tagesordnung der parlamentarischen Arbeit gesetzt und von der Nationalversammlung (und dem Senat, je nach Land) angenommen wird. In Kamerun werden Gesetzesentwürfe und -vorschläge sowohl auf dem Schreibtisch der Nationalversammlung als auch auf dem des Senats eingereicht. Sie werden von den zuständigen Ausschüssen geprüft, bevor sie im Plenum diskutiert werden.

Ein Gesetzentwurf ist ein Text, der zu einem Gesetz werden soll und von der Regierung stammt. Die Regierung hat die Aufgabe, die Regierung in die Lage zu versetzen, die Regierung zu unterstützen. **Beispiel:** *Die Regierung von* **Kamerun** *hat* **den Entwurf des** *Haushaltsgesetzes 2022 und seine Anhänge zur Prüfung vorgelegt.*

Die Gesamtheit der Rechtstexte, die vom Parlament ausgehen, wird als "bloc **de legalite**" oder "**bloc legislatif**" bezeichnet.

- Die Allgemeinen Rechtsgrundsätze

Allgemeine Grundsätze (GGP) sind ungeschriebene Regeln von allgemeiner Tragweite, die in keinem Text formuliert sind, aber vom Richter als für die Verwaltung und den Staat verbindlich angesehen werden und deren Verletzung als Verstoß gegen die Rechtsnorm betrachtet wird. Sie entsprechen drei Kriterien:

a) Sie gelten auch dann, wenn es keinen Text gibt;

b) Sie werden aus der Rechtsprechung abgeleitet (die Rechtsprechung ist die Gesamtheit der Entscheidungen, die üblicherweise von den verschiedenen Gerichten zu einem bestimmten Rechtsproblem getroffen werden und aus denen sich Rechtsgrundsätze ableiten lassen),

c) Sie werden vom Richter anhand der Rechtslage und der Gesellschaft zu einem bestimmten Zeitpunkt "entdeckt". **Beispiele**: de Allgemeine Rechtsgrundsätze, die auf Gleichheit beruhen: Gleichheit vor der Steuer, Gleichheit vor den öffentlichen Lasten, Gleichheit des Zugangs der Bürger zu öffentlichen Stellen.

- Ein Reglement

Eine Verordnung ist ein "legislativer" Akt, der von einer anderen Behörde als dem Parlament, insbesondere der Exekutive, ausgeht und eine allgemeine Regel festlegt. Es gibt also verschiedene Arten von Verordnungen: Dekrete, Verordnungen und Erlasse.

Die Gesamtheit der Rechtstexte, die von der Exekutive stammen, wird als "bloc reglementaire" oder "Reglement" bezeichnet.

In Kamerun liegt die Gesetzgebungsbefugnis gemäß Artikel 8, 9 und 12 der kamerunischen Verfassung beim Präsidenten der Republik und dem Premierminister. Sie kann auch delegiert werden, was als delegierte Regelungsbefugnis bezeichnet wird. Die Minister, Präfekten, Bürgermeister und die beschließenden Versammlungen der Gebietskörperschaften haben ebenfalls eine Regelungsbefugnis. Auch die ***Geschäftsordnung*** (und die Satzung) einer Organisation ist ein "Gesetz" für ihre Mitglieder.

Definition einiger Beispielregelungen

a) Dicret

Ein **Dekret** ist eine vollstreckbare Urkunde, die von der Exekutive ausgestellt wird. Es ist eine Entscheidung, die etwas anordnet oder regelt. Es kann allgemein gültig sein, wenn es eine Rechtsregel formuliert, oder individuell, wenn es nur eine Person betrifft (Beispiel: eine Ernennung). Es gibt mehrere Arten von Dekreten, darunter einfache Dekrete und Dekrete im Ministerrat (die vom Präsidenten der Republik im Ministerrat unterzeichnet werden).

Beispiel:

1) Dekret Nr. 2011/2581/pm vom 23. August 2011 über die Reglementierung von schädlichen und/oder gefährlichen Chemikalien

2) Dekret Nr. 81 -279 vom 15. Juli 1981 zur Festlegung der Anwendungsmodalitäten des Gesetzes Nr. 77-15 vom 6. Dezember 1977 zur Regelung von explosiven Stoffen und Zündern.

3) Dekret Nr. 2011/2585/pm vom 23. August 2011 zur Festlegung der Liste schädlicher oder gefährlicher Stoffe und der Regelung ihrer Einleitung in Binnengewässer.

4) Dekret Nr. 98-405/PM vom 22. Oktober 1998 zur Festlegung der Modalitäten für die Zulassung und das Inverkehrbringen von Arzneimitteln

b) Verordnung

Eine Verordnung ist das, was von einer zuständigen Behörde oder einer Person, *die* das Recht oder die Befugnis hat, dies zu tun, vorgeschrieben wird. Eine Verordnung ist eine Maßnahme, die von der Regierung in einem Bereich getroffen wird, der normalerweise gesetzlich geregelt ist.

Beispiel:

Verordnung über den Schutz vor gefährlichen Stoffen und Zubereitungen (Chemikalienverordnung, ChemV) vom 5. Juni 2015; Schweizerischer Bundesrat.

Der Begriff ordonnance wird manchmal als eine gerichtliche Entscheidung übersetzt, die von bestimmten Gerichten oder einem Untersuchungsrichter getroffen wird. Der Begriff wird oft verwendet, wenn ein Gerichtsbeschluss von einem einzigen Richter erlassen wird.

c) Arrete

Zunächst muss gesagt werden, dass es verschiedene Arten von Erlassen gibt. Wir können ministerielle oder interministerielle Erlasse, Erlasse der Präfektur, des Departements, der Gemeinde usw. nennen.

Ein Erlass ist ein Verwaltungsakt mit allgemeiner oder individueller Geltung, der von einer Ministerialbehörde (arrete ministerielle oder interministerielle) oder einer anderen Verwaltungsbehörde (arrete prefectoral, municipal) ausgeht.

Ein Erlass, der von einem Mitglied der Exekutive im Rahmen seiner gesetzlichen Befugnisse unterzeichnet wird, ist eine vollstreckbare schriftliche Entscheidung, die in Anwendung eines Gesetzes, eines Dekrets oder einer Verordnung getroffen wird, um die Einzelheiten der Ausführung festzulegen.

Beispiel: *Arrête N°23 du 11 septembre 1981 portant codification de la pharmacopee et confection du formulaire national (Erlass Nr. 23 vom 11. September 1981 über die Kodifizierung der Pharmakopöe und die Erstellung des nationalen Formulars).*

- **Verwaltungsakte sind Gesetze**

Ein Verwaltungsakt ist ein Rechtsakt, der von einer Verwaltungsbehörde ausgeht und das Allgemeininteresse zum Ziel hat (Beispiel: ein Rundschreiben).

Das Rundschreiben

Ein Rundschreiben ist ein Brief oder ein internes Dokument, das in mehreren Exemplaren vervielfältigt und an verschiedene Personen innerhalb eines Unternehmens, einer Behörde oder einer Organisation gerichtet wird (ein Ministerialrundschreiben).

Ein Verwaltungsrundschreiben ist ein schriftliches Dokument, das von einer Verwaltungsbehörde (Minister oder Dienststellenleiter) an ihre Untergebenen gerichtet wird, um sie über die Auslegung einer bestimmten Gesetzgebung oder Regelung (Dekret, Erlass) und die Art und Weise ihrer konkreten Anwendung zu informieren. Ein Rundschreiben stellt grundsätzlich keine Entscheidung dar. Es ist eine Empfehlung, die keinen verbindlichen Charakter hat, aber das Gesetz darstellt.

Beispiel: *Interministerielles Rundschreiben DGPR/DGCCRF/DGT/DGS/DGDDI vom 25.06.13 über die Kontrolle von chemischen Substanzen und Produkten (Republik Frankreich)*

Der Vertrag.

Verträge sind Rechtshandlungen, deren Ziel es ist, die von den Vertragspartnern gewollten Rechtsfolgen zu schaffen. Sie sind in Artikel 1101 des kamerunischen Zivilgesetzbuches definiert: "*Ein Vertrag ist eine Vereinbarung, durch die sich eine oder mehrere Personen gegenüber einer oder mehreren anderen Personen verpflichten, etwas zu geben, zu tun oder zu unterlassen.*"

Ein Vertrag ist, sobald er geschlossen wurde, zwischen den unterzeichnenden Parteien rechtsverbindlich.

Als Beispiel für eine Urkunde, die als Beweis für einen Vertrag dient :

Des conventions collectives : Convention collective nationale des industries chimiques et connexes du 30 decembre 1952. Ausgebaut durch Arrête vom 13. November 1956 JONC12 decembre 1956

Hinzu können kommen: Betriebs- oder Geschäftsordnungen und Arbeitsverträge.

- ***Der Code***

Das Wort Code stammt vom lateinischen codex und bezieht sich auf eine Sammlung von Gesetzen, ein Register, ein Buch, ein Rechtsbuch. In der Rechtswissenschaft wird ein Kodex als eine Sammlung von Gesetzen und Vorschriften, normativen oder rechtlichen Texten (Ehrenkodex) definiert, die ein vollständiges System von Rechtsvorschriften in einem Rechtsgebiet festlegt. Sie sind oft in einem Sammelband oder auf demselben Einband untergebracht, der in Bücher, Titel, Kapitel, Abschnitte, Unterabschnitte, Paragraphen und Artikel gegliedert ist.

Zur Veranschaulichung: Man hört oft von Bergbaugesetzen, Erdölgesetzen, Arbeitsgesetzen, Zivilgesetzen oder Strafgesetzen. Es gibt auch das Handelsgesetzbuch, das Gesetz über das öffentliche Auftragswesen, das Steuergesetzbuch, das Personen- und Familiengesetzbuch und so weiter.

Definitionen und Erklärungen einiger Codes

Zivilgesetzbuch

Das Zivilgesetzbuch ist ein Gesetzbuch, in dem die gesetzlichen und verordnungsrechtlichen Bestimmungen zum Zivilrecht zusammengefasst sind, das die Rechtsbeziehungen von Personen untereinander (natürliche oder juristische Personen) und deren Vermögen regelt. Es behandelt die Rechtsstellung der Personen, die Rechtsstellung des Vermögens, das Familienrecht (Abstammung, Eheschließung, Scheidung), das Schuldrecht und das Vertragsrecht, die Beziehungen zwischen Privatpersonen etc.

Strafgesetzbuch

Das Strafgesetzbuch bezeichnet die Gesamtheit der Rechtstexte, die die Straftaten und die anwendbaren Strafen definieren. Es ist die Kodifizierung des Strafrechts.

Das Strafverfahren beschreibt die Interventionen der staatlichen Behörden (Polizei und Justiz) von der Anzeigeerstattung, der Anzeige oder der Feststellung einer Straftat bis hin zur endgültigen Entscheidung der Justiz.

Eine Strafprozessordnung ist ein Gesetzbuch, das alle Rechtstexte zur Organisation der verschiedenen Phasen des Strafverfahrens zusammenfasst. Es kann auch als Code d'instruction criminelle bezeichnet werden.

Arbeitsgesetzbuch

Das Arbeitsgesetzbuch (Code du travail) ist eine Sammlung, in der die meisten arbeitsrechtlichen Texte (Gesetze, Verordnungen, Erlasse) zusammengefasst sind. Es regelt die Arbeitsbeziehungen zwischen Arbeitgebern und Arbeitnehmern im privaten Sektor sowie für bestimmte Arbeitnehmer im öffentlichen Sektor, die einem Sonderstatut unterliegen.

Code-Beispiele, von denen ein Chemiker, der in Kamerun unternehmerisch tätig werden will, wissen sollte :

1) Gesetz Nr. 2019/008 vom 25. April 2019 über den Erdölkodex

2) Gesetz Nr. 2012/006 vom 19. April 2012 über den Gaskodex

3) Dekret Nr. 2002/648/PM vom 26. März 2002 - zur Festlegung der Anwendungsmodalitäten des Gesetzes Nr. 001 vom 16. April 2001 über das Bergbaugesetzbuch.

Gut zu wissen: Der Unterschied zwischen Gesetzen und dem Gesetzgeber

Gesetzgebung?

Der Begriff "Gesetzgebung" *leitet* sich vom lateinischen Wort "*legislatio*" ab, das von "*lex*" *(*Gesetz), "legis" (Gesetz) und "loi" (geschriebenes Recht) abgeleitet ist. Beispiel: Die Gesetzgebung in Kamerun oder Ruanda. Sie umfasst die Verfassung, die von der Legislative erlassenen Gesetze sowie die von der Exekutive erlassenen Dekrete, Arrêtes und bis zu einem gewissen Grad auch Circulars. Die Gesetzgebung ist auch die Gesamtheit der Regeln, die sich auf einen bestimmten Bereich beziehen.

Beispiel: Um alle Vorschriften zur Verwendung von Medikamenten zu bezeichnen, spricht man von der Arzneimittelgesetzgebung.

Der Gesetzgeber

Das lateinische Wort "*legislator*" *leitet* sich von *lex*, *legis,* was Gesetz bedeutet, und *lator*, dem Träger, ab. Der Gesetzgeber kann als die Person definiert werden, die mit der Gesetzgebung beauftragt ist, d.h. die Gesetze oder das Gesetz im allgemeinen Sinne erlässt. Häufig ist der Gesetzgeber Teil einer gesetzgebenden Versammlung, die einem Volk Gesetze gibt. Die Autoritat oder das Organ, das die

Befugnis hat, Gesetze zu erlassen, Rechtsnormen zu erlassen, ist der Gesetzgeber.

II. Chemische Substanzen und kamerunische Gesetze

Um den Leser nicht zu verwirren, sollten Sie beachten, dass die Begriffe "Chemikalie" und "chemischer Stoff" austauschbar sind.

Nach französischem Recht, genauer gesagt dem Code du travail in Artikel R. 4411-3 *"On entend par substances chimiques, les elements chimiques et leurs composes tels que ils se presentent a l'etat naturel ou tels qu'ils sont obtenus par tout procede de production contenant eventuellement tout additif necessaire pour preserver la stabilite du produit et toute impurete resultant du procede, à l'exclusion de tout solvantpouvant separe sans affecter la stabilite de la substance ni modifier sa composition" (Chemische Stoffe sind chemische Elemente und ihre Verbindungen, wie sie im natürlichen Zustand vorkommen oder wie sie durch einen Produktionsprozess gewonnen werden, der gegebenenfalls alle zur Wahrung der Stabilität des Produkts erforderlichen Zusatzstoffe und alle aus dem Prozess resultierenden Verunreinigungen enthält, ausgenommen alle Lösungsmittel, die ohne Beeinträchtigung der Stabilität des Stoffes oder Änderung seiner Zusammensetzung abgetrennt werden können).*

Mit anderen Worten: "Chemikalien" sollten als Stoffe natürlichen (mineralischen oder organischen) oder synthetischen (vom Menschen hergestellten) Ursprungs betrachtet werden. Es sei darauf hingewiesen, dass nach dieser Definition Lösungsmittel nicht berücksichtigt werden.

In Kamerun ist nach dem Dekret Nr. 2011/2584/pm vom 23. August 2011 zur Festlegung des Boden- und Unterbodenschutzregimes ein chemisches Produkt "ein Produkt, das durch chemische Verfahren oder Kombinationen gewonnen wird". Hier berücksichtigt der Gesetzgeber keine natürlich vorkommenden Chemikalien, schließt aber Stoffe aus, die als Lösungsmittel betrachtet werden.

In Bezug auf chemische Substanzen natürlichen Ursprungs unterscheidet der kamerunische Gesetzgeber zwischen mineralischen Substanzen und radioaktiven Substanzen. So *sind* nach dem Gesetz Nr. 2016-17 vom 14. Dezember 2016 mineralische Stoffe "*amorphe oder kristalline, flüssige oder gasförmige Naturstoffe sowie organische Stoffe ...*", während radioaktive Stoffe Uran, Thorium und ihre Derivate sind.

Das kamerunische Gesetz Nr. 2016/015 vom 14. Dezember 2016 über das allgemeine Waffen- und Munitionsregime bezieht sich auf eine Klasse chemischer Substanzen, über die man unbedingt Bescheid wissen sollte, nämlich die "organischen Chemikalien". Nach Artikel 2 dieses Gesetzes ist eine organische Chemikalie definiert als "*jede Chemikalie der Klasse der chemischen Verbindungen, die alle Kohlenstoffverbindungen umfasst, mit Ausnahme von Kohlenstoffoxiden und -sulfiden sowie Metallkohlenstoffen, mit Ausnahme von: Oligomeren, unabhängig davon, ob sie Phosphor, Schwefel oder Fluor enthalten; Chemikalien, die nur Kohlenstoff und Metall enthalten*".

Aufgrund der Vielzahl von Chemikalien kann es vorkommen, dass sie entweder nach Familien oder nach ihrer Verwendung oder ihren Eigenschaften eingeteilt werden. Daher ist zu beachten, dass eine

Chemikalie (oder ein chemischer Stoff) zum Beispiel :

- fest, flüssig, gasförmig, flüchtig, nanopartikulär ;
- löslich oder nicht löslich (in verschiedenen organischen oder anorganischen Lösungsmitteln) ;
- die in einem chemischen Verfahren verwendet (oder durch ein solches Verfahren gewonnen) wird ;
- aus der organischen oder anorganischen Chemie (Beispiele: Kupfer (chemisches Element), reines Wasser (chemische Verbindung), Distickstoffoxid, Natriumchlorid, Mineralien, Legierungen) ;
- (Beispiele: organische Verbindungen wie Kohlenhydrate, Fette, Proteine, Vitamine, Nukleinsäuren usw.) ;
- inert oder chemisch oder biologisch aktiv ;
- gefährlich, risikobehaftet, giftig (u. a. neurotoxisch, beeinträchtigt die Entwicklung von Gehirn und Intelligenz5) oder ökotoxisch, brennbar, explosiv, ätzend, biozid usw. ;
- radioaktiv (Alpha-, Beta- und/oder Gamma-Radioaktivität) ;
- stabil oder instabil ;
- abbaubar, biologisch abbaubar, nicht biologisch abbaubar usw.

Beachten Sie, dass einige Stoffe gefährlich sind und besondere Risiken wie Entzündbarkeit, Explosion und Giftigkeit darstellen können.

III. Chemieunternehmer und Recht/Gesetz

1) Illegale Substanz und der Chemiker

Jeder Chemiker sollte wissen, was er riskiert, wenn er mit illegalen Substanzen umgeht oder sie besitzt. Zunächst wäre es schon wichtig zu definieren, was eine illegale Substanz aus der Sicht des kamerunischen Gesetzes (Gesetz Nr. 97-019 vom 7. August 1997) ist.

In den meisten Fällen bezieht sich der Begriff Substanz in der Nominalgruppe "illegale Substanz" auf eine Droge, so wie es das Wörterbuch *Wikipedia* definiert, *ist* eine Droge "*eine chemische, biochemische oder natürliche Verbindung, die eine oder mehrere neuronale Aktivitäten verändern und/oder die neuronale Kommunikation stören kann"*.

Das Gesetz definiert eine illegale Substanz *als "Stoffe,* die *durch internationale Übereinkommen oder in Anwendung dieser Übereinkommen als Betäubungsmittel oder psychotrope Stoffe eingestuft* werden*..."*. Die Natur dieser Substanzen beruht darauf, dass sie *"... aufgrund der schädlichen Wirkungen, die ihr Missbrauch hervorrufen kann, für die öffentliche Gesundheit gefährlich sind..."*. Nach diesen Übereinkommen *werden* sie "*in eine der drei folgenden Listen aufgenommen, je nach der Schwere der Gefahr für die öffentliche Gesundheit, die ihr Missbrauch mit sich bringen kann, und je nachdem, ob sie von medizinischem Interesse sind oder nicht":*

- *Tabelle I: Pflanzen und Substanzen mit hohem Risiko, die in der Medizin nicht von Interesse sind,*
- *Tabelle II: Pflanzen und Substanzen mit hohem Risiko, die in der Medizin von Interesse sind.*

- *Tabelle III: Risikopflanzen und -substanzen von medizinischem Interesse.*

Die Tabellen II und III werden je nach den für sie geltenden Maßnahmen in zwei Gruppen A und B unterteilt". (Art. 2).

Die Herstellung von illegalen Substanzen, wie sie in der Liste aufgeführt sind, ist für den Gesetzgeber ein Delikt, ebenso wie die Herstellung von sogenannten psychotropen Pflanzen. Dies ergibt sich aus dem Gesetz wie folgt: "*Substanzen, die zur Herstellung von Betäubungsmitteln und psychotropen Substanzen verwendet werden, die im Übereinkommen gegen den unerlaubten Verkehr mit Betäubungsmitteln und psychotropen Stoffen von 1988 oder in Anwendung dieses Übereinkommens klassifiziert sind, sowie alle anderen Chemikalien, die in Verfahren zur Herstellung von Betäubungsmitteln oder psychotropen Substanzen verwendet werden, werden als "Vorläufer" bezeichnet und in Trableau IV: precurseurs (Vorläufer) eingetragen.*" (Art.3)

In Bezug auf Zubereitungen *sieht* das Gesetz in Artikel 4 vor, dass "*feste oder flüssige Mischungen, die eine oder mehrere kontrollierte Substanzen enthalten, sowie psychotrope Substanzen, die in Einnahmeeinheiten unterteilt sind, als Zubereitungen gelten und demselben Regime unterliegen wie die Substanzen, die sie enthalten. Zubereitungen, die zwei oder mehr Stoffe enthalten, die unterschiedlichen Regelungen unterliegen, unterliegen der Regelung für den Stoff, der am strengsten kontrolliert wird.*"

Was die Tabellen betrifft, so werden diese, wie bereits erwähnt, "insbesondere durch eine neue Eintragung, Streichung oder Übertragung von einer Tabelle auf eine andere oder von einer Gruppe auf eine andere durch einen Akt des für Gesundheit zuständigen Ministers erstellt und geändert." Dies bedeutet, dass der Chemiker sich beim Gesundheitsminister über die Liste der in Kamerun als illegal geltenden Substanzen informieren sollte.

Um mehr über diesen Bereich zu erfahren, empfiehlt es sich, das "Gesetz Nr. 97-019 vom 7. August 1997 über die Kontrolle von Betäubungsmitteln, psychotropen Substanzen und Vorläufersubstanzen sowie über die Auslieferung und Rechtshilfe im Bereich des Handels mit Betäubungsmitteln, psychotropen Substanzen und Vorläufersubstanzen" sowie die Tabellen aus den Übereinkommen, insbesondere das *Übereinkommen von 1971 über psychotrope Substanzen, zu lesen.* Ratifiziert von Kamerun am 5. Juni 1981, zu finden auf der WHO-Website.

In Anbetracht dessen sollte sich der Chemiker-Unternehmer vor allem über den Umgang mit Stoffen aus rechtlicher Sicht informieren, damit er so gut wie möglich vermeidet, sich einer Straftat schuldig zu machen. In diesem Zusammenhang sollte er sich an Fachleute wenden oder sich über das zu synthetisierende Molekül oder das zu gewinnende Produkt informieren. Dies sollte nicht nur für Lebewesen, sondern auch für die Umwelt gelten.

2) der Chemiker und die Fälschung

Fälschung ist die Nachahmung von etwas Echtem mit der Absicht, das Original zu stehlen, zu zerstören oder zu ersetzen, es in illegalen Transaktionen zu verwenden oder auf andere Weise Menschen zu täuschen, indem man sie glauben macht, dass die Fälschung den gleichen oder einen höheren Wert als das Echte hat. Gefälschte Produkte sind nicht autorisierte Fälschungen oder Nachbildungen des echten Produkts.

In der Chemie betrifft sie das Patent, das Gebrauchsmuster und die Marke. So ist Fälschung ein Verbrechen, das den Diebstahl einer Marke oder einer Erfindung beinhaltet.

Da sowohl große als auch kleine Unternehmen Handelsmarken verwenden, um Verbrauchern wie Ihnen und mir zu helfen, ihre Produkte zu identifizieren. Eine Fälschung ist also ein Artikel, der die Marke einer anderen Person ohne deren Genehmigung verwendet. Durch die Herstellung oder den Verkauf einer Fälschung versuchen Kriminelle also, den Ruf des Markeninhabers unfair auszunutzen.

Im Klartext: Fälschung ist eine betrügerische Nachahmung (Fälschung) einer vertrauenswürdigen Marke und eines vertrauenswürdigen Produkts.

Was das Patent betrifft, so gilt unter Bezugnahme auf Art. L.615-1 des französischen CPI: "*Toute atteinte portee aux droits du proprietaire du brevet, tels que ils sont definis aux articles L.613-3 aux articles L.613-6, constitue une contrefaqon. Die Verletzung zieht die zivilrechtliche Haftung des Urhebers nach sich.*"

Bei Patentverletzungen in der Chemie gibt es verschiedene Profile.

So notieren wir :

> Fälscher, die absichtlich in großem Umfang ein Recht an geistigem Eigentum verletzen und dabei versuchen, den echten Produkten so nahe wie möglich zu kommen. Diese Art der Fälschung wird mit kriminellen Organisationen in Verbindung gebracht.

> Nachahmer aus der Industrie. Sie können entweder Industrieunternehmen sein, die der Meinung sind, dass das gewerbliche Eigentumsrecht, das ihnen entgegengehalten wird, keine rechtliche Grundlage hat, oder Industrieunternehmen, die glauben, dass ihre Produkte nicht in den Bereich des Monopols fallen, indem sie guten oder schlechten Glauben zeigen.

Nach dem Bangui-Abkommen ist eine *Patentverletzung* definiert als "*jede Verletzung der Rechte des Patentinhabers...*". Nach dem OAPI-Gesetzgeber sind die wichtigsten Verletzungshandlungen:

- Die Verwendung der Mittel, die Gegenstand der Erfindung sind ;
- Hehlerei ;
- Verkauf oder Ausstellung zum Verkauf ;
- Die Einführung eines oder mehrerer Gegenstände in das Hoheitsgebiet eines Mitgliedstaates.

(Artikel 66, Anhang I des Abkommens von Bangui)

Es gibt verschiedene Begriffe, die verwendet werden, um die Verletzung oder den Diebstahl von geistigen Eigentumsrechten außer Marken und Patenten zu beschreiben:

Piraterie: Wenn eine Person das Urheberrecht eines Künstlers, Autors oder Musikers stiehlt, in der Regel indem sie seine Arbeit herunterlädt oder kopiert, ohne dafür zu bezahlen oder eine Genehmigung zu erhalten.

Verletzung des Geschaftsgeheimnisses Die Verletzung eines Geschaftsgeheimnisses bedeutet, dass ein Dritter Schluesselinformationen (ein Geschaftsgeheimnis) verwendet, um einen wirtschaftlichen Vorteil zu erlangen. Normalerweise geht die Verletzung eines Geschäftsgeheimnisses mit der Verletzung eines Patents einher.

Um mehr über das Recht des geistigen Eigentums zu erfahren, lesen Sie bitte das folgende Kapitel.

Abschließend ist festzuhalten, dass Chemiker sich über ihr rechtliches Umfeld informieren müssen, wenn sie ein Unternehmen gründen wollen, und sich zu diesem Zweck an Juristen wenden können.

Anhang und Referenzen :

- Modul 1 (Einführung in den Rechtskurs), World Future Academy
- https://www.legifrance.gouv.fr/affichCode.do...
- Dekret Nr. 2011/2584/PM vom 23. August 2011 zur Festlegung der Modalitäten für den Schutz des Bodens und des Untergrunds
- Loi n° 2016/015 du 14 decembre 2016 portant regime général des armes et munitions au Cameroun (Gesetz Nr. 2016/015 vom 14. Dezember 2016 über das allgemeine Waffen- und Munitionsregime in Kamerun)
- Gesetz Nr. 97-019 vom 7. August 1997 über die Kontrolle von Betäubungsmitteln, psychotropen Substanzen und Vorläufersubstanzen sowie über die Auslieferung und Rechtshilfe im Bereich des Handels mit Betäubungsmitteln, psychotropen Substanzen und Vorläufersubstanzen.
- Französisches Gesetzbuch über geistiges Eigentum
- Bangui-Abkommen
- https://fr.wikipedia.org/wiki/Drogue

Kapitel III
der Chemiker und das geistige Eigentum

Die Fortschritte in der Chemie sind der Schlüssel zu Spitzentechnologien in einer Vielzahl von Branchen. Neben den Beispielen aus der pharmazeutischen und chemischen Industrie (z. B. Entdeckung, Synthese und Formulierung des neuesten Blockbuster-Medikaments, Entwicklung erneuerbarer Kraftstoffe oder recycelbarer Kunststoffe) schaffen Chemiker heute neue Materialien, die die Technologie von morgen in so unterschiedlichen Bereichen wie Elektronik, Luft- und Raumfahrt, Automobilbau und medizinische Geräte ermöglichen.

In diesem Kapitel geht es um geistige Eigentumsrechte und seine Beziehung zum Chemiker.

1. Was ist geistiges Eigentum?

Körperliche Güter, ob beweglich oder unbeweglich, haben eine physische Struktur und Präsenz. Sie werden seit Urzeiten als Eigentum anerkannt. Im Gegensatz dazu wurden immaterielle Güter erst in der jüngsten Vergangenheit als Eigentum anerkannt, ganz zu schweigen von ihrem Schutz durch geistige Eigentumsrechte.

Geistiges Eigentum bedeutet Schöpfung/Innovation durch Menschen und den Gedanken, diese zu schützen. Es ist ein sehr komplexes und kompliziertes Konzept, das bis in die Zeit des Mittelalters zurückreicht. Im 19. Jahrhundert wurden verschiedene Gesetze zum geistigen Eigentum erlassen, um die Rechte der Menschen zu schützen.

Geistiges Eigentum (IP) bezieht sich auf geistige Schöpfungen wie Erfindungen; literarische und künstlerische Werke; Zeichnungen; und Symbole, Namen und Bilder, die im Handel verwendet werden.

Im Gegensatz zu den Produkten, die sie schützen, können Vermögenswerte des geistigen Eigentums weder gesehen noch berührt werden. Daher kann es für Unternehmen schwierig sein, ihren wahren Wert zu erkennen. Wie andere Formen des Eigentums können Sie geistiges Eigentum kaufen, verkaufen und lizenzieren. Rechte an geistigem Eigentum können dem Inhaber erlauben, zivilrechtlich zu klagen, um zu versuchen, andere daran zu hindern, ihre Schöpfung zu vervielfältigen, zu nutzen, zu importieren oder zu verkaufen.

Sie ist in zwei Zweige unterteilt, nämlich :

- ***Literatur- und Kunstbesitz,*** der das Urheberrecht und verwandte Schutzrechte behandelt ;
- ***Gewerbliches Eigentum,*** das sich auf Gebrauchsschöpfungen bezieht, wie z. B. das Erfindungspatent, Gebrauchsmuster, Zeichnungen und Modelle, Pflanzenzüchtungszertifikate und

Unterscheidungszeichen (Handelsmarke, Domainname und Ursprungsbezeichnung).

I-1. Das literarische und künstlerische Eigentum

Es handelt sich dabei um das ***Urheberrecht*** und ***verwandte Schutzrechte,*** wie bereits erwähnt.

A) ***Urheberrecht***

Das Urheberrecht dient dem Schutz der Werke von Autoren wie Schriftstellern, Künstlern, Musikkomponisten und vielen anderen. Die Schöpfungen dieser Personen werden in der Regel als "Werke" bezeichnet.

Nach dem kamerunischen Gesetz Nr. 2000/011 vom 19.12.2000 "*bezieht sich das Urheberrecht auf den Ausdruck, mit dem Ideen beschrieben, erklärt und illustriert werden. Es erstreckt sich auf die charakteristischen Elemente der Werke, wie z. B. den Plan eines literarischen Werkes, sofern er materiell mit dem Ausdruck verbunden ist.*" Das Urheberrecht schützt Literatur (Romane, Gedichte, Theaterstücke), Nachschlagewerke (Enzyklopädien und Wörterbücher), künstlerische Werke (Gemälde, Zeichnungen, Fotografien und Skulpturen), Musik, Dramen, Software, Datenbanken, Filme, Radio- und Fernsehsendungen, Tonaufnahmen, Werbung, geografische Karten und technische Zeichnungen sowie veröffentlichte Ausgaben.

Es sollte gesagt werden, dass der Urheberrechtsschutz nur den Ausdruck des Gedankens und nicht den Gedanken (die Idee) betrifft. Zum Beispiel ist die Idee, über chemische Reaktoren zu schreiben, nicht urheberrechtlich geschützt. Folglich kann jeder schreiben. Aber ein bestimmter Text über die Funktionsweise eines Kernreaktors von einem Chemiker kann urheberrechtlich geschützt sein. Folglich stellt es eine Verletzung der Rechte des Autors (Chemikers) dar, wenn man Kopien des Textes anfertigt und diese ohne die Erlaubnis des Autors (Chemikers) verkauft.

a) Welche Formalitäten sind notwendig, um urheberrechtlich geschützt zu sein?

Das Urheberrecht wird mit der Schaffung des Werkes erworben, ohne Registrierung oder andere Formalitäten. Das bedeutet, dass ein Werk von seiner Entstehung an urheberrechtlich geschützt ist (d.h. ab dem Tag, an dem Sie es gemacht haben). Es ist wichtig zu wissen, dass ein Werk nur dann urheberrechtlich geschützt ist, wenn es :

- Die Art und Weise, wie das Werk der Öffentlichkeit zugänglich gemacht wird (schriftlich oder mündlich)
- Die Kategorie des Werkes (ein Gemälde, ein Roman oder eine Fotografie)
- Talent oder die Genialität des Autors
- Die Tatsache, dass das Werk eine rein künstlerische Schöpfung oder angewandte Kunst ist.

b) Das kamerunische Recht gewährt Urhebern einen besonders ausgefeilten Schutz.

Das Urheberrecht verleiht zwei Arten von Rechten:

- Das ***moralische Recht, das sich*** auf den Schutz der nicht-wirtschaftlichen Interessen des Urhebers bezieht
- Die ***Urheberrechte,*** die es dem Rechteinhaber erlauben, eine Vergütung als finanziellen Ausgleich für die Nutzung und Verwertung seiner Werke durch Dritte zu erhalten.

In Artikel 13 Absätze 1 und 2 des Gesetzes heißt es: *"1) Die Urheber von Werken des Geistes genießen an diesen Werken allein aufgrund ihrer Schöpfung ein ausschließliches und gegen jedermann durchsetzbares Eigentumsrecht, das sogenannte Urheberrecht, dessen Schutz durch das vorliegende Gesetz geregelt wird. 2) Dieses Recht umfasst moralische Attribute und vermögensrechtliche Attribute...").*

1) Moralisches Recht :

Es ist wichtig zu wissen, dass ein Werk, sei es ein künstlerisches oder literarisches Werk, die Persönlichkeit eines Autors widerspiegelt. Der Gesetzgeber sieht eine starke Verbindung zwischen dem Autor und seinem Werk, das als moralisches Recht geschützt werden muss.

Dieses Recht, das als moralisches Recht verstanden wird, verleiht dem Urheber Respekt vor seinem Namen, seiner Eigenschaft und seinem Werk. Der Urheber genießt daher die folgenden Vorrechte, wie in Artikel 14 Absatz 1 festgelegt: *"a) über die Veröffentlichung zu entscheiden und die Verfahren und Modalitäten dieser Veröffentlichung festzulegen; b) die Urheberschaft an seinem Werk zu beanspruchen, indem er verlangt, dass sein Name oder seine Eigenschaft jedes Mal angegeben wird, wenn das Werk der Öffentlichkeit zugänglich gemacht wird; c) die Integrität seines Werkes zu verteidigen, indem er sich insbesondere seiner Entstellung oder Verstümmelung widersetzt; d) die Verbreitung seines Werkes zu beenden und Änderungen daran vorzunehmen. "*

Einfach ausgedrückt, verleiht das Urheberrecht dem Autor :

- **Das Recht auf Veröffentlichung.** Der Urheber hat das Recht zu entscheiden, ob sein Werk öffentlich zugänglich gemacht wird und wann und wie es erstmals zugänglich gemacht wird.
- **Das Recht auf Vaterschaft.** Das ist das Recht, das dem Autor erlaubt, seinen Namen auf seinem Werk anzubringen oder, wenn er es wünscht, anonym zu bleiben oder ein Pseudonym zu verwenden.
- **Das Recht auf Wahrung der Unversehrtheit des Buches.** Dieses Recht erlaubt es dem Autor, sich gegen jede Veränderung, Streichung oder Hinzufügung zu wehren, die sein ursprüngliches Werk formal oder inhaltlich verändern könnte.
- **Das Recht auf Rücknahme und Reue.** Das heißt, der Urheber kann jederzeit und ohne Begründung entscheiden, ob er Änderungen an seinem Werk vornehmen (Reuerecht) oder die Verbreitung einstellen (Rückzugsrecht) will (Art. 14 Abs. 2).
- **Das Folgerecht**: *Es "...verleiht dem Urheber von grafischen oder plastischen Werken oder von Manuskripten ungeachtet jeder Abtretung des Originals des Werkes oder des Manuskripts ein*

unveräußerliches Recht auf Beteiligung am Erlös aus jedem Verkauf des Originals oder des Manuskripts, der in einer öffentlichen Auktion oder durch einen Händler erfolgt, unabhängig von den Modalitäten der von diesem Händler durchgeführten Transaktion." (Art. 20)

Es ist wichtig, darauf hinzuweisen, dass moralische Rechte gemäß Artikel 14 Absatz 4 des Gesetzes "...perpetual, inalienable and imprescriptible" sind.

-) "Perpetual" bedeutet, dass das Urheberpersönlichkeitsrecht auch nach dem Tod des Urhebers und selbst nach dem Erlöschen der Vermögensrechte bestehen bleibt. Das bedeutet, dass die Rechtsnachfolger des Urhebers dieses Recht ausüben können, auch wenn das Werk gemeinfrei geworden ist.
- i) "Unveräußerlich" würde bedeuten, dass der Urheber auf sein Urheberpersönlichkeitsrecht nicht verzichten oder dessen Ausübung an Dritte abtreten kann.
- ii) "Unverjährbar" bezieht sich auf die Tatsache, dass das Urheberpersönlichkeitsrecht nicht mit der Zeit erlischt. Das heißt, solange das Werk existiert und unabhängig davon, ob es verwertet wird oder nicht, können der Urheber und seine Rechtsnachfolger ihr Urheberpersönlichkeitsrecht immer ausüben.

2) Patrimoniale Rechte

Diese Rechte erlauben es dem Urheber oder seinen Rechtsnachfolgern, sein Werk in jeglicher Form zu nutzen. Diese Rechte umfassen unter anderem "...das Aufführungsrecht, das Vervielfältigungsrecht, das Bearbeitungsrecht, das Verbreitungsrecht und das Folgerecht...". (Artikel 15 Absatz 2).

Einige Übersetzungen :

J Aufführung, was in diesem Zusammenhang die öffentliche Wiedergabe des Werks bedeutet, z. B. die Aufführung eines Stücks im Theater, die Ausstrahlung eines Films im Fernsehen oder im Internet usw.

J Vervielfältigung: Die materielle Fixierung des Werks, z. B. die Vervielfältigung einer Fotografie in einem Buch, einer Musik auf einer CD, eines Films auf einer DVD usw. Die Vervielfältigung ist eine Form der Vervielfältigung, bei der das Werk in einem bestimmten Zeitraum in einer bestimmten Weise vervielfältigt wird.

J Adaption: bezieht sich auf die Verfilmung eines Buches.

Der Autor kann daher die folgenden Handlungen erlauben oder verbieten:

❖ **Fortpflanzung in verschiedenen Formen**

❖ **Vertrieb** (Verkauf von Kopien des Werks an die Öffentlichkeit);

❖ **Die öffentliche Aufführung oder Darbietung** eines Konzerts oder Theaterstücks ❖ **Rundfunk**

und öffentliche Wiedergabe (Ausstrahlung über Radio oder Fernsehen, entweder über Kabel oder Satellit);

- **Die Übersetzung in andere Sprachen** ;
- **Die Anpassung**

Vermögensrechte sind zeitlich begrenzt und können an Dritte abgetreten werden. **In der Regel umfasst die Dauer des Schutzes das Leben des Urhebers und 50 Jahre nach seinem Tod.** In Kamerun ist dieses Recht wie folgt definiert: "*Die Dauer der Eigentumsrechte, die Gegenstand des ... ist fünfzig Jahre ab dem Zeitpunkt, an dem die Person, die das Gesetz unterzeichnet hat, das Recht hat, den Vertrag zu unterzeichnen:*

- *Am Ende des Kalenderjahres, in dem die Aufzeichnung stattgefunden hat, bei Tonträgern, Videogrammen und darauf fixierten Darbietungen;*
- *Am Ende des Kalenderjahres, in dem die Auffuhrung stattgefunden hat, fur nicht feststehende Darbietungen auf Tontrgern oder Videogrammen;*
- *Vom Ende des Kalenderjahres, in dem die Sendung ausgestrahlt wurde, für Programme von Unternehmen der audiovisuellen Kommunikation...".* Art. 68

Dies ist das Gegenteil von moralischen Rechten, die dauerhaft und unveränderlich sind.

3) Wie die Verwertung von Urheberrechten erfolgt

Viele urheberrechtlich geschützte kreative Werke erfordern enorme finanzielle Investitionen und professionelle Fähigkeiten, um produziert, gesendet und vertrieben zu werden. In den meisten Fällen sind dies spezialisierte Unternehmen wie Verlage, Ton- oder Filmproduktionsfirmen und nicht direkt die Urheber. Zu diesem Zweck treten die Autoren und Schöpfer ihre Rechte vertraglich gegen eine Vergütung an diese Unternehmen ab. Die Vergütung nimmt hier verschiedene Formen an. Sie kann entweder pauschal oder als prozentualer Anteil an den Einnahmen aus dem Werk gezahlt werden.

Da viele Urheber oft weder die Moglichkeit noch die Mittel haben, ihre Rechte selbst zu verwalten. Sie nehmen oft die Hilfe von Verwertungsgesellschaften in Anspruch, die ihren Mitgliedern ihre administrativen und rechtlichen Kompetenzen und ihr Know-how in Bezug auf die Einziehung, Verwaltung und Verteilung von Tantiemen zur Verfügung stellen. Diese Lizenzgebühren stammen aus der weitreichenden nationalen und internationalen Nutzung des Werkes eines Mitglieds, z.B. durch Rundfunkanstalten, Nachtclubs, Restaurants, Bibliotheken, Universitäten oder Schulen.

4) Beschränkungen und Ausnahmen des Urheberrechts.

Das Urheberrecht unterliegt Beschränkungen und Ausnahmen, die soziale, erzieherische und andere Gesichtspunkte des offentlichen Interesses berucksichtigen. Diese Schranken und Ausnahmen des

Urheberrechts sind Bestimmungen in lokalen Urheberrechtsgesetzen oder der ***Berner Übereinkunft,*** die es erlauben, urheberrechtlich geschützte Werke ohne Lizenz des Urheberrechtsinhabers zu nutzen. So erlauben internationale Verträge und nationales Recht die freie Nutzung von Teilen eines Werkes für bestimmte Zwecke, wie z.B. die Berichterstattung über aktuelle Ereignisse, die Verwendung von Zitaten in Übereinstimmung mit den redlichen Gepflogenheiten oder als Illustration für den Unterricht. Es sei darauf hingewiesen, dass diese Nutzungsfreiheit in den meisten Fällen von Land zu Land unterschiedlich ist. Es ist daher ratsam, sich auf die nationale Gesetzgebung des jeweiligen Landes zu beziehen, um zu prüfen, ob diese Möglichkeit genutzt oder vermieden werden kann.

"Die Berner Übereinkunft *wurde 1886 verabschiedet* ***und*** *befasst sich mit dem Schutz von Werken und den Rechten der Urheber an ihren Werken. Sie bietet Schöpfern (Autoren, Musikern, Dichtern, Malern usw.) die Mittel, um zu kontrollieren, wie, von wem und unter welchen Bedingungen ihre Werke genutzt werden können. Es beruht auf drei Grundprinzipien und enthält eine Reihe von Bestimmungen, die den Mindestschutz festlegen, der gewährt werden muss, sowie Sonderbestimmungen für Entwicklungsländer"* (Website: **World Intellectual Property Organization**).

Das Urheberrecht ist kein eintragbares Recht auf geistiges Eigentum. Das Urheberrecht entsteht, wenn ein literarisches oder künstlerisches Werk geschaffen wird, wenn es eine Originalität aufweist. Programmcodes, Bildschirmbilder und die dazugehörige Dokumentation konnen urheberrechtlich geschutzt werden. Das Urheberrecht schutzt nur die Form, in der das Werk ausgedruckt wurde.

B) Verwandtes Recht (Nachbarrecht)

Nach dem kamerunischen Gesetz *umfassen die* verwandten Schutzrechte "... *die Rechte der ausübenden Künstler, der Hersteller von Tonträgern oder Videogrammen und der Unternehmen der audiovisuellen Kommunikation...*". (Art. 56, 1). Diese Rechte ähneln in mancher Hinsicht dem Urheberrecht, sind aber dennoch keine Urheberrechte, da sie auf urheberrechtlich geschützten Werken beruhen. Die Besonderheit dieser Rechte liegt darin, dass sie die gleichen Exklusivrechte wie das Urheberrecht bieten, aber nicht das Werk selbst umfassen.

Das Ziel der verwandten Schutzrechte ist es, die rechtlichen Interessen von Einzelpersonen zu schützen, die eine Rolle bei der Verfügbarkeit von Werken im öffentlichen Raum spielen.

1) Interpretierende Künstler :

Ausübende Künstler: Darunter fallen Schauspieler, Musiker, Sänger, Tänzer oder generell Personen, die interpretieren oder ausführen. Nach dem Gesetz haben sie das "*ausschließliche Recht, die folgenden Handlungen vorzunehmen oder zu erlauben: a) die öffentliche Wiedergabe ihrer Darbietung, einschließlich der drahtgebundenen oder drahtlosen öffentlichen Zugänglichmachung ihrer auf Tonträger oder Videogramm aufgezeichneten Darbietung, so dass jedermann von einem Ort und zu einer Zeit seiner Wahl darauf zugreifen kann...b) die Fixierung seiner nicht fixierten Darbietung; c) die Vervielfältigung einer Fixierung seiner Darbietung; d) die Verbreitung einer Fixierung seiner Darbietung durch Verkauf, Tausch oder Vermietung an die Öffentlichkeit; e) die getrennte Nutzung von Ton und Bild der Darbietung, wenn diese sowohl in Ton als auch in Bild fixiert wurde.*

Sofern nicht anders vereinbart: a) Jede einem audiovisuellen Kommunikationsunternehmen erteilte Fernsehgenehmigung ist persönlich; b) die Genehmigung zur Fernsehsendung beinhaltet nicht die Genehmigung zur Aufzeichnung der Darbietung; c) die Genehmigung zur Fernsehsendung und zur Aufzeichnung der Darbietung beinhaltet nicht die Genehmigung zur Vervielfältigung der Aufzeichnung; d) die Genehmigung zur Aufzeichnung der Darbietung und zur Vervielfältigung der Aufzeichnung beinhaltet nicht die Genehmigung zur Fernsehsendung der Darbietung von der Aufzeichnung oder von Vervielfältigungen davon." (Art. 57)

Der Interpret hat auch das "*Recht auf Achtung seines Namens, seiner Qualität und seiner Interpretation. 2) Dieses Recht ist an seine Person gebunden. Es ist insbesondere zeitlich unbegrenzt, unveränderlich und unverjährbar. Es ist von Todes wegen übertragbar...*". (Art. 58)

2) Die Produzenten

In dieser Kategorie bezieht sich der kamerunische Gesetzgeber auf die Produzenten von Tonaufnahmen (oder Phonogrammen) und die Produzenten von Videogrammen.

a) Die Produzenten von Tonträgern

"(1) Der Hersteller des Tonträgers hat das ausschließliche Recht, jede Vervielfältigung, öffentliche Zugänglichmachung durch Verkauf, Tausch, Vermietung oder öffentliche Wiedergabe des Tonträgers, einschließlich der drahtgebundenen und drahtlosen öffentlichen Zugänglichmachung seines Tonträgers, in der Weise vorzunehmen oder zu erlauben, dass jedermann an einem Ort und zu einer Zeit seiner Wahl Zugang dazu hat.) Die Rechte, die dem Hersteller des Tonträgers nach dem vorstehenden Absatz zustehen, sowie das Urheberrecht und die Rechte der ausübenden Künstler, die er an dem fixierten Werk hat, dürfen nicht getrennt abgetreten werden." (Art. 59)

b) Produzenten von Videogrammen

"1) *Der Hersteller des Videogramms hat das ausschließliche Recht, jede Vervielfältigung, öffentliche Zugänglichmachung durch Verkauf, Tausch, Vermietung oder öffentliche Wiedergabe des Videogramms durchzuführen oder zu erlauben, einschließlich der drahtgebundenen oder drahtlosen öffentlichen Zugänglichmachung seines Videogramms in der Weise, dass jedermann an einem Ort und zu einer Zeit seiner Wahl Zugang dazu hat. 2) Die Rechte, die dem Hersteller des Videogramms nach dem vorstehenden Absatz zustehen, sowie die Urheberrechte und die Rechte der Interpreten, die er an dem feststehenden Werk hat, dürfen nicht Gegenstand getrennter Abtretungen sein...".* (Art. 64)

3) Diffusoren.

Hierbei handelt es sich um Unternehmen für audiovisuelle Kommunikation. Diese Art von Unternehmen ... "*genießt das ausschließliche Recht, zu produzieren oder selbst zu produzieren:*

- *die Aufzeichnung, die Vervielfältigung der Aufzeichnung, die Wiederausstrahlung von Programmen und die öffentliche Wiedergabe ihrer Programme, einschließlich der drahtlosen oder drahtgebundenen öffentlichen Zugänglichmachung ihrer Programme in der Weise, dass jedermann an einem Ort und zu einer Zeit, die er individuell wählt, Zugang zu ihnen haben kann;*
- *die Bereitstellung ihrer Programme für die Öffentlichkeit durch Verkauf, Vermietung oder Austausch.*" (Art. 65)

Kamerun ist Mitglied der internationalen Gemeinschaft und hat einige der von der Weltorganisation für geistiges Eigentum vorgesehenen Übereinkommen unterzeichnet, und diese Übereinkommen gewährleisten den Schutz der damit verbundenen Rechte sowie das nationale Gesetz über Urheberrecht und verwandte Schutzrechte. Das Rom-Abkommen, der Weltvertrag über Darbietungen und Tonträger (WPPT), das BTAP und das TRIPS-Abkommen schützen ausübende Künstler, Produzenten und Sendeanstalten auf verschiedene Weise. So genießen ausübende Künstler Vermögensrechte, die es ihnen erlauben, die Aufzeichnung, Ausstrahlung und öffentliche Wiedergabe ihrer Live-Darbietungen zu verhindern. Sie haben auch das Recht, ihre Darbietungen auf Tonträgern zu vervielfältigen, zu verbreiten und zu vermieten, sowie das Urheberpersönlichkeitsrecht, das es ihnen erlaubt, die ungerechtfertigte Auslassung ihres Namens zu verhindern oder Änderungen ihrer Darbietungen auf einer Tonaufnahme zu verhindern, wenn diese Änderungen ihren Ruf schädigen könnten.

Die Hersteller von Tonaufnahmen (auch Phonogramme genannt) haben vor allem das Recht, die Vervielfältigung und Verbreitung ihrer Aufnahmen durch Dritte zu erlauben oder zu verbieten. Sie genie?en einen angemessenen und wirksamen Schutz, wenn die Aufnahmen mit Hilfe neuer Techniken und Kommunikationssysteme wie dem Internet verbreitet werden.
Rundfunkveranstalter haben das Recht, die Weiterverbreitung, Aufzeichnung und Vervielfältigung ihrer Sendungen zu erlauben oder zu verbieten.

4) Ausnahme, Beschränkung und Schutzdauer des verwandten Rechts

Die verwandten Schutzrechte unterliegen denselben Ausnahmen wie das Urheberrecht, die es jedermann erlauben, Darbietungen, Aufnahmen (Ton oder Video) oder Sendungen für bestimmte Zwecke wie Zitate und Berichterstattung frei zu nutzen. In Bezug auf den Schutz legt der kamerunische Gesetzgeber fest: "...La duree des droits patrimoniaux, a cinquante ans a compter ...":

- die in einem anderen Land als dem Land, in dem die Aufnahme stattfand, in dem die Aufnahme stattfand, oder in dem die Aufnahme stattfand, oder in dem die Aufnahme stattfand;
- bei nicht feststehenden Darbietungen auf Tonträgern oder Videogrammen am Ende des Kalenderjahres, in dem die Darbietung stattgefunden hat
- des Endes des Kalenderjahres, in dem die Sendung ausgestrahlt wurde, für Programme von Unternehmen der audiovisuellen Kommunikation...".

Das literarische und künstlerische Eigentumsrecht, **das** das Urheberrecht und die damit verbundenen Rechte **umfasst**, ist für die menschliche Kreativität von entscheidender Bedeutung, da es den Schöpfern Anreize in Form von Anerkennung und fairen wirtschaftlichen Belohnungen bietet. Im Rahmen dieses Rechtesystems wird den Schöpfern versichert, dass ihre Werke ohne Angst vor unerlaubtem Kopieren oder Piraterie verbreitet werden können. Dies wiederum trägt dazu bei, den Zugang zu Kultur, Wissen und Unterhaltung zu erweitern und deren Genuss weltweit zu verbessern. Der Chemiker kann die Erstellung und Vervielfältigung seiner Werke sicherstellen. Mithilfe der angewandten Kunst kann der Chemiker Farbstoffe entwickeln, die dazu dienen, die Schönheit eines Objekts hervorzuheben. In diesem Zusammenhang empfehlen wir Ihnen das Buch **"L'Art-Chimie - Enquete dans le laboratoire des artistes**, aux Editions Michel de Maule" der Autoren Philippe Walter und Francois Cardinali.

I-2. Das Eigentum unterschiedslos

Das gewerbliche Eigentum umfasst Erfindungspatente, Marken, gewerbliche Muster und Modelle und geografische Angaben. Es ist wichtig zu betonen, dass dieser Teil von den Artikeln des Bangui-Abkommens unterstützt wird, das von Kamerun unterzeichnet wurde und im März 1977 in Kraft trat und 1999 bzw. 2015 überarbeitet wurde.

1) Die Marqies :

Nach Anhang III des Abkommens von Bangui werden Marken als "*...als alle sichtbaren Zeichen, die zur Unterscheidung der Waren oder Dienstleistungen eines Unternehmens benutzt werden oder benutzt werden sollen, insbesondere Familiennamen für sich allein oder in unterscheidungskräftiger Form, besondere Bezeichnungen, Die meisten Menschen, die sich mit dem Thema beschäftigen, sind der Meinung, dass es sich bei diesen Begriffen nicht um "Namen" handelt, sondern um "Bezeichnungen", "Namen", "Namen", "Namen", "Namen", "Namen", "Namen", "Namen", "Namen", "Namen", "Namen", "Namen", "Namen", "Namen", "Namen", "Namen", "Namen", "Namen",*

"Namen", "Namen", "Namen", "Namen", "Namen" und "Namen"... " Art.1 Abs.1 . was von einer Kollektivmarke zu unterscheiden ist, die eher "... *als Marke für Waren oder Dienstleistungen* betrachtet wird, *deren Benutzungsbedingungen durch eine von der zuständigen Behörde genehmigte Verordnung festgelegt sind und die nur öffentlich-rechtliche Verbände, Gewerkschaften oder Verbände von Gewerkschaften, Vereine, Verbände von Erzeugern, Industriellen, Handwerkern oder Händlern benutzen dürfen, sofern sie amtlich anerkannt sind und Rechtsfähigkeit besitzen.*" Art.1 Abs.2. Eine Marke kann daher als ein Zeichen definiert werden, das verwendet wird, um anzuzeigen, dass Waren oder Dienstleistungen von einer bestimmten Person oder einem bestimmten Unternehmen hergestellt oder erbracht werden. Sie soll ähnliche Waren oder Dienstleistungen, die von verschiedenen Unternehmen hergestellt oder erbracht werden, unterscheiden. So ist "**Solabiol**" eine Marke, die bestimmte Waren (Rasendünger) unterscheidet, und "**DHL**" eine Marke, die bestimmte Dienstleistungen (Logistikdienstleistungen) unterscheidet.

a) **Welche Zeichen können keine Marken sein?**

Nicht alle Zeichen können Marken sein. Es gibt eine Reihe von rechtlichen Gründen, warum ein Zeichen keine Marke sein kann. Nach dem Gesetzgeber muss eine Marke, damit sie eingetragen werden kann, folgende Punkte erfüllen:

"... *a) ihr die Unterscheidungskraft fehlt, insbesondere weil sie aus Zeichen oder Angaben besteht, die die notwendige oder allgemeine Bezeichnung der Ware oder die Zusammensetzung der Ware darstellen;*

b) wenn sie mit einer Marke identisch ist, die einem anderen Inhaber gehört und die bereits für dieselben oder ähnliche Waren oder Dienstleistungen eingetragen ist oder einen früheren Anmelde- oder Prioritätstag hat, oder wenn sie einer solchen Marke so ähnlich ist, dass eine Täuschungs- oder Verwechslungsgefahr besteht;

c) Sie verstößt gegen die öffentliche Ordnung, die guten Sitten oder das Gesetz;

d) e) ein Wappen, eine Flagge oder ein anderes Emblem, eine Abkürzung oder eine Abkürzung oder ein offizielles Kontroll- und Garantiezeichen eines Staates oder einer zwischenstaatlichen Organisation, die durch ein internationales Abkommen geschaffen wurde, reproduziert, imitiert oder unter seinen Elementen enthält, es sei denn, die zuständige Behörde dieses Staates oder dieser Organisation hat eine entsprechende Genehmigung erteilt."

Zu diesem Zweck kann die Marke ein einzelnes Wort (Bruker) oder eine Wortkombination (Burger King), eine Buchstabenfolge oder eine Abkürzung (AOL, BMW, IBM), eine oder mehrere Zahlen (Channel 5), ein Familienname (Renault, Michelin) oder auch Initialen (IBM für International Business Machines, IKEA für Ingvar Kamprad, Elmtaryd, Agunnaryd) sein. Sie kann aus einer Zeichnung bestehen (ein Apfel für die Firma appel, Chevrons für C^roë^ oder aus einem dreidimensionalen Zeichen, wie der Form und der Verpackung des Produkts (Form der **Gaufrette Kit**

Kat oder der Crocs-Schuhe). Sie kann auch aus einer Farbkombination oder einer bestimmten Farbe bestehen (so wird die Farbe Blue (englisch für Blau) mit der Telefongesellschaft CAMTEL assoziiert). Auch nicht-visuelle Zeichen wie Geräusche oder Düfte können eine Marke darstellen.

In Anbetracht dessen muss die Marke ein Zeichen mit Unterscheidungskraft sein, das die Waren oder Dienstleistungen, mit denen sie in Verbindung gebracht wird, unterscheidet. So lässt der Gesetzgeber zu, dass ein Wort, das einer einfachen Beschreibung der Art der angebotenen Waren oder Dienstleistungen entspricht, nicht notwendigerweise eine akzeptable Marke darstellt. Die Marke Apple, die im Englischen Apfel bedeutet, ist beispielsweise gültig, wenn sie zur Bezeichnung von Computern verwendet wird, aber nicht, wenn sie zur Bezeichnung von echten Äpfeln verwendet wird.

Neben der Kollektivmarke gibt es die Zertifizierungsmarke, die eine spezielle Art von Marke ist, die verwendet wird, um anzuzeigen, dass ein Produkt oder eine Dienstleistung einen bestimmten Standard erfüllt. Beispielsweise kann eine Zertifizierungsmarke anzeigen, dass das Produkt oder die Dienstleistung einen bestimmten Qualitätsstandard erfüllt, aus bestimmten Materialien besteht, auf eine bestimmte Art und Weise hergestellt wurde oder von einem bestimmten Ort stammt. Wie definiert, dient diese Art von Marke dazu, Waren oder Dienstleistungen zu kennzeichnen, die einer Reihe von Normen entsprechen und für die diese Konformität zertifiziert wurde. Ein Beispiel hierfür ist das Woolmark-Symbol, das in 140 Ländern eingetragen ist und in 67 Ländern von Herstellern lizenziert wird, die die entsprechenden Qualitätsstandards erfüllen können.

b) Funktionen einer Marke

Eine Marke dient dazu, die Quelle oder den Ursprung von Waren zu identifizieren. Die Handelsmarke erfüllt die folgenden vier Funktionen.

Sie identifiziert das Produkt und seine Herkunft.

Sie ist ein wesentlicher Bestandteil von Geschäftsvermögen

Sie hilft den Verbrauchern, das Produkt zu erkennen.

Sie hat sich zum Ziel gesetzt, ihre Qualitat zu sichern.

Sie kündigt das Produkt an. Die Marke repräsentiert das Produkt.

Sie schafft ein Bild des Produkts in den Köpfen der Öffentlichkeit, insbesondere der Verbraucher oder potenziellen Verbraucher dieser Güter.

Sie ist ein Instrument zur Vermarktung des Produkts

Sie kann lizenziert werden und stellt somit eine direkte Einnahmequelle durch Lizenzgebühren dar.

Sie kann bei der Beschaffung von Finanzmitteln hilfreich sein, da sie Unternehmen zu Investitionen ermutigt, um die Qualität der Produkte zu erhalten oder zu steigern;

c) Schutz

Die häufigste und wirksamste Art, eine Marke zu schützen, ist die Eintragung. Die Marke ist ein territoriales Recht, d. h. sie muss in allen Ländern, in denen ihr Schutz gewünscht wird, eingetragen werden. Wenn dies nicht geschieht, kann die Marke von Dritten frei verwendet werden.

Beachten Sie, dass ein und dieselbe Marke von mehreren verschiedenen Unternehmen verwendet werden kann. Sie müssen sie nur mit Waren oder Dienstleistungen in Verbindung bringen, die nicht ähnlich sind. Fast alle Länder haben ein Markenregister, das von dem zuständigen Markenamt geführt wird, im Falle Kameruns ist dies die Afrikanische Organisation für geistiges Eigentum (OAPI). Es sollte daran erinnert werden, dass die Eintragung nicht der einzige Weg ist, um den Schutz einer Marke zu gewährleisten, aber das Problem bei dieser Art von Prozess ist das hohe Risiko einer Markenverletzung.

Derjenige, der eine Marke eintragen lässt, genießt folgenden Schutz im Sinne von Artikel 7 des Anhangs III des Abkommens von Bangui: "*1) Die Eintragung der Marke verleiht ihrem Inhaber das ausschließliche Recht, die Marke oder ein ihr ähnliches Zeichen für die Waren oder Dienstleistungen, für die sie eingetragen wurde, sowie für ähnliche Waren oder Dienstleistungen zu benutzen.*

2) Die Eintragung der Marke verleiht dem Inhaber auch das ausschließliche Recht, alle Dritten, die ohne seine Zustimmung handeln, daran zu hindern, im geschäftlichen Verkehr identische oder ähnliche Zeichen für Waren oder Dienstleistungen zu benutzen, die denen ähnlich sind, für die die Waren- oder Dienstleistungsmarke eingetragen ist, wenn eine solche Benutzung zu einer Verwechslungsgefahr führen würde. Im Falle der Benutzung eines identischen Zeichens für identische Waren und Dienstleistungen wird angenommen, dass eine Verwechslungsgefahr besteht.

3) Die Eintragung der Marke verleiht ihrem Inhaber nicht das Recht, Dritten zu verbieten, ihren Namen, ihre Adresse, ein Pseudonym, einen geografischen Namen oder genaue Angaben über Art, Qualität, Menge, Bestimmung, Wert in gutem Glauben zu benutzen, (2) Die Mitgliedstaaten können die Verwendung von Angaben über die Herkunft der Waren oder Dienstleistungen auf die Zwecke einer einfachen Identifizierung oder Information beschränken und dürfen die Öffentlichkeit nicht über die Herkunft der Waren oder Dienstleistungen irreführen.

4) Die Eintragung der Marke gewährt ihrem Inhaber nicht das Recht, einem Dritten die Benutzung der Marke für Waren zu verbieten, die unter der Marke im Hoheitsgebiet des Mitgliedstaats, in dem das Verbotsrecht ausgeübt wird, rechtmäßig verkauft worden sind, vorausgesetzt, dass diese Waren keine Veränderungen erfahren haben."

Der Inhaber einer Marke genießt ein ausschließliches Recht:

- Die Marke zur Unterscheidung ihrer Waren oder Dienstleistungen zu benutzen ;
- Dritte daran zu hindern, die gleiche oder eine ähnliche Marke für identische oder ähnliche Waren oder Dienstleistungen zu benutzen oder zu vermarkten;
- Dritten die Nutzung der Marke (durch Franchising- oder Lizenzvereinbarungen) gegen eine finanzielle Gegenleistung zu gestatten.

d) Wie erfolgt die Eintragung einer Marke im Allgemeinen?

Der erste Schritt besteht darin, beim zuständigen nationalen oder regionalen Markenamt einen Antrag auf Eintragung zu stellen. Die Anmeldung muss eine Wiedergabe des Zeichens enthalten, dessen Eintragung beantragt wird, mit allen Merkmalen, die die Marke beschreiben (Farbe, Form oder dreidimensionale Elemente). Die Anmeldung muss auch ein Verzeichnis der Waren oder Dienstleistungen enthalten, für die das Zeichen gelten soll.

Die Kriterien, um ein Markenrecht für Zeichen zu erhalten, sind :

1) Das Zeichen muss unterscheidungskräftig sein, d.h. es muss den Verbrauchern ermöglichen, es als für eine bestimmte Ware geltendes Zeichen zu erkennen und es von anderen Marken zu unterscheiden, die für andere, ähnliche Waren gelten;

2) Das Zeichen darf nicht irrefuhrend sein, d.h. es darf nicht geeignet sein, die Verbraucher in Bezug auf die Art oder Qualitat der Ware irrezufuhren;

3) Das Zeichen darf nicht gegen die öffentliche Ordnung oder die guten Sitten verstoßen;

4) Das Zeichen darf nicht mit einer bestehenden Marke identisch oder so ähnlich sein, dass es mit dieser Marke verwechselt werden kann; damit diese Voraussetzung erfüllt ist, muss das nationale/regionale Amt Recherche- und Prüfungstätigkeiten durchgeführt haben oder es muss ein Widerspruch von einem Dritten, der ähnliche oder identische Rechte an der Marke beansprucht, eingelegt worden sein.

Im OAPI-Raum, zu dem Kamerun gehört, wird die Eintragung nach Artikel 14 des Anhangs 3 des Abkommens von Bangui wie folgt beschrieben:

"(1) Bei jeder Anmeldung einer Marke prüft die Organisation, ob die in den Artikeln 8 und 9 dieser Anlage genannten Formerfordernisse erfüllt sind und ob die fälligen Gebühren entrichtet worden sind.

5) Jedes Gesuch, das den Anforderungen des Artikels 3 Absätze c) und e) nicht entspricht, wird zurückgewiesen. (3) Eine Anmeldung, bei der die Formerfordernisse nach Artikel 8 mit Ausnahme des Absatzes 1 Buchstabe b) und Artikel 11 nicht beachtet worden sind, ist nicht ordnungsgemäß. Diese Unregelmäßigkeit wird dem Anmelder oder seinem Vertreter mitgeteilt und er wird aufgefordert, die Unterlagen innerhalb einer Frist von drei Monaten ab dem Datum der Mitteilung zu berichtigen. Diese Frist kann in begründeten Fällen auf Antrag des Anmelders oder seines Vertreters um 30 Tage verlängert werden. Der innerhalb dieser Frist nachgeholte Antrag behält das Datum des ursprünglichen Antrags.

6) Wenn die regulierten Unterlagen nicht innerhalb der gesetzten Frist eingereicht werden, wird der Antrag auf Eintragung der Marke zurückgewiesen.

7) Die Ablehnung wird vom Generaldirektor der Organisation ausgesprochen.

8) Eine Anmeldung darf nach den Absätzen 2, 4 und 5 dieses Artikels nicht zurückgewiesen werden, ohne dem Anmelder oder seinem Vertreter zuvor Gelegenheit zu geben, die Anmeldung in dem vorgeschriebenen Umfang und nach den vorgeschriebenen Verfahren zu berichtigen.

9) Stellt die Organisation fest, dass die im vorstehenden Absatz 1 genannten Voraussetzungen erfüllt sind, so trägt sie die Marke ein und veröffentlicht die Eintragung.

10) Das gesetzliche Datum der Eintragung ist das Datum der Hinterlegung."

e) Dauer und territorialer Umfang des Markenschutzes

Der Vorteil der Eintragung einer Marke liegt darin, dass sie ständig verlängert werden kann, wenn die Gebühren bezahlt werden. In diesem Fall sieht der Gesetzgeber eine Dauer von 10 Jahren vor: "*Die Dauer des Rechts auf Eintragung einer Marke gilt nur für zehn Jahre ab dem Tag der Einreichung des Eintragungsantrags; das Eigentum an der Marke kann jedoch ohne zeitliche Begrenzung durch aufeinanderfolgende Verlängerungen, die alle zehn Jahre vorgenommen werden können, aufrechterhalten werden.*" (Art. 19)

Neben den Marken müssen wir auch die Domainnamen berücksichtigen, die in vielen nationalen Gesetzen als Verletzung der Marke angesehen werden, wenn es zu einer Verletzung kommt. Domainnamen sind als Internetadressen definiert, die in der Regel zur Suche nach Webseiten verwendet werden. Beispielsweise wird der Domainname oapi.net verwendet, um die OAPI-Website unter der Adresse http://www.oapi.int zu finden. Einige Domainnamen bestehen aus einer Marke. In diesem Fall kommt es vor, dass sie bösgläubig von Personen registriert werden, die nicht Inhaber der entsprechenden Marke sind. Dies stellt vor dem Gesetz ein Delikt dar.

f) Abtretung von Rechten und Lizenzen

■ Markenübertragung: Der Vertrag, durch den der Eigentümer einer Marke, der als Zedent bezeichnet wird, das Eigentum an der Marke gegen Zahlung eines Preises auf eine andere Person, die als Zessionar bezeichnet wird, überträgt.

Der Zedent muss dem Zessionar die Ware zur Verfügung stellen (Lieferungspflicht). Der Zedent kann in bestimmten Fällen die Marke ohne Wissen des Zessionars weiterverwenden, was sich auf den Gewinn des Zessionars auswirkt.

Der Zessionar ist lediglich verpflichtet, den Preis für die Marke nach festgelegten Modalitäten zu bezahlen (Art. 26 - 28, Anhang III).

■ Die Markenlizenz: ist der Vertrag, durch den der Lizenzgeber einer anderen Person, dem sogenannten Lizenznehmer, das Recht einräumt, die Marke gegen Zahlung einer Lizenzgebühr zu nutzen.

Es ist wichtig zu betonen, dass der Lizenzgeber das Recht hat, die Lizenz an andere Personen zu vergeben, und dass er selbst die Marke nach Belieben benutzen kann, sofern nichts anderes vereinbart wurde. Der Lizenzgeber ist jedoch verpflichtet, die Marke zu verleihen und zu pflegen.

Beachten Sie, dass er im Falle einer ausschließlichen Lizenz unter keinen Umständen eine Lizenz an andere Personen vergeben darf.

Der Lizenznehmer ist verpflichtet, die Lizenzgebühren zu zahlen, die Marke persönlich zu nutzen und vor allem die Grenzen der Nutzungsgenehmigung einzuhalten, d. h. die Vertragsbedingungen einzuhalten. (Art. 29-30, Anhang III)

2) Geographische Angaben

Geographische Angaben sind "*Angaben, die dazu dienen, ein Erzeugnis als aus dem Gebiet oder einer Region oder einem Ort dieses Gebiets stammend zu kennzeichnen, wenn eine bestimmte Qualität, ein bestimmter Ruf oder eine andere Eigenschaft des Erzeugnisses im Wesentlichen diesem geographischen Ursprung zugeschrieben werden kann*" (Art.1 Anhang VI von Bangui), wobei das Erzeugnis als "*jedes natürliche, landwirtschaftliche, handwerkliche oder industrielle Erzeugnis*" und der Hersteller als: "..." zu betrachten ist.

- *alle Landwirte, die andere Naturprodukte nutzen,*
- *alle Hersteller von handwerklichen oder industriellen Produkten,*
- jeder, der mit diesen Produkten Handel treibt". (Art.1 Anhang VI von Bangui),

Zusammengefasst ist eine geographische Angabe ein Zeichen, das verwendet wird, um darauf hinzuweisen, dass Waren einen bestimmten geographischen Ursprung haben und Eigenschaften oder eine Bekanntheit besitzen, die auf diesen Ursprungsort zurückzuführen sind.

Geographische Angaben können für eine Vielzahl von Produkten verwendet werden, insbesondere für landwirtschaftliche Produkte wie Pfeffer (siehe "Penja-Pfeffer", der in der gleichnamigen Region in Kamerun hergestellt wird). Diese Angaben werden sehr oft mit Weinen und Spirituosen in Verbindung gebracht, wie z.B. der in Schottland hergestellte "Scotch Whisky". Die Verwendung von geografischen Angaben ist nicht auf landwirtschaftliche Produkte oder alkoholische Getränke beschränkt, sondern kann auch die besonderen Eigenschaften eines Produkts hervorheben, die auf bestimmte menschliche Faktoren zurückzuführen sind, die für den Ort, aus dem es stammt, charakteristisch sind, wie z. B. Herstellungstechniken oder bestimmte Traditionen, wie bei Jacks Daniels Whisky. Der Herkunftsort kann ein Dorf oder eine Stadt, eine Region oder ein Land sein.

Der Unterschied zwischen einer Marke und einer geografischen Angabe besteht darin, dass erstere ein Zeichen ist, das von einem Unternehmen verwendet wird, um seine Waren und Dienstleistungen von denen anderer Unternehmen zu unterscheiden, während letztere den Verbraucher wissen lässt, dass ein Produkt aus einem bestimmten Ort stammt und bestimmte Eigenschaften besitzt, die auf diesen Produktionsort zurückzuführen sind. Beispielsweise sind **BMW** und **Adidas** eingetragene Marken, während **Scotch Whisky** und **Darjeeling Tea** geografische Indikatoren sind. In Bezug auf Marken und geografische Angaben (GIs) gab es in den Köpfen der Menschen schon immer Verwirrung. Für einen gewöhnlichen Menschen weisen GIs und Marken auf die Identität der Waren hin. Es ist wichtig, sich daran zu erinnern, dass eine Markeneintragung in der Regel von einem einzelnen

Handelsunternehmen oder einer Einzelperson angemeldet wird, wohingegen der Schutz einer geographischen Angabe einer Gruppe von Herstellern gewährt wird, die einem bestimmten Ort angehören, von dem das Produkt seinen Ursprung hat.

Der Schutz von geografischen Angaben wird durch nationale Gesetze geregelt. Diese Gesetze beruhen auf

- *Gesetze zum unlauteren Wettbewerb ;*
- *Gesetze zum Verbraucherschutz ;*
- *Gesetze zum Schutz von Zertifizierungsmarken oder Kollektivmarken ;*
- *Gesetze, die speziell geografische Angaben oder Ursprungsbezeichnungen schützen.* Im Allgemeinen verbieten diese Gesetze unbefugten Personen die Verwendung von geografischen Angaben, da diese den Verbraucher in die Irre führen. Die Sanktionen für diesen Verstoß reichen von einer gerichtlichen Anordnung, die die unbefugte Verwendung verhindert, bis hin zur Zahlung von Schadensersatz oder einer Geldstrafe oder in schweren Fällen sogar einer Gefängnisstrafe.

3) Gewerbliche Zeichnungen und Modelle

Nach dem Bangui-Abkommen "*...gilt als Muster jede Verbindung von Linien oder Farben und als Modell jede plastische Form mit oder ohne Verbindung von Linien oder Farben, vorausgesetzt, dass diese Verbindung oder Form einem industriellen oder handwerklichen Erzeugnis ein besonderes Erscheinungsbild verleiht und als Muster für die Herstellung eines industriellen oder handwerklichen Erzeugnisses dienen kann...*". Dasselbe *Gesetz sieht vor, dass "... wenn derselbe Gegenstand sowohl als neues Muster oder Modell als auch als patentierbare Erfindung angesehen werden kann und die Elemente, die die Neuheit des Musters oder Modells ausmachen, von denen der Erfindung nicht zu unterscheiden sind, dieser Gegenstand nur nach den Bestimmungen des Gesetzes über Erfindungspatente oder des Gesetzes über Gebrauchsmuster geschützt werden kann....*". (Art. 1, Anhang IV)

Man kann diese Definition wie folgt zusammenfassen:

Ein gewerbliches Muster oder Modell stellt sowohl den ornamentalen als auch den ästhetischen Aspekt eines Objekts dar. Es besteht entweder aus dreidimensionalen Elementen (der Form des Objekts) oder aus zweidimensionalen Elementen (Mustern, Linien oder Farben). Es gibt ein breites Spektrum an Objekten, auf die das Industriedesign angewendet wird. Es umfasst sowohl den Bereich der Industrie als auch den des Handwerks. Beispiele sind technische und medizinische Instrumente, elektrische Geräte, Fahrzeuge, architektonische Strukturen, Textilmuster, Freizeit- und Luxusartikel. Wie überall sonst im Bereich des Geschmacksmusters sieht das nationale Recht vor, dass der Gegenstand nicht funktional sein muss, um Schutz zu genießen. Das bedeutet, dass die technischen

Merkmale des Gegenstands nicht durch diese Art von Recht geschützt werden, sondern eher durch das Patent oder das Gebrauchsmuster, das wir weiter unten betrachten werden.

Damit ein Gegenstand in den Genuss des Geschmacksmusterrechts kommt, muss er **neu** oder **originell** sein, wie in Artikel 2 des Anhangs IV des Bangui-Abkommens festgelegt.

Das ästhetische Erscheinungsbild ist nicht immer durch das Geschmacksmusterrecht geschützt. Nach bestimmten nationalen Gesetzen und je nach Art des Musters oder Modells kann dieses auch durch das Urheberrecht als Kunstwerk geschützt sein; in diesem Fall ist eine Eintragung nicht erforderlich. Es ist zu beachten, dass in einigen Ländern der Schutz als gewerbliches Muster oder Modell und der Schutz durch das Urheberrecht kumulativ sind, während sie sich in anderen Ländern gegenseitig ausschließen. Im letzteren Fall hebt die Entscheidung für das eine das andere auf.

Nach einigen nationalen Gesetzen kann ein gewerbliches Muster oder Modell auch durch das Recht des unlauteren Wettbewerbs gegen Nachahmungen geschützt werden.

Die Eintragung eines gewerblichen Musters oder Modells verleiht dem Inhaber das Recht, jede nicht genehmigte Kopie oder Nachahmung des Musters oder Modells zu verhindern, insbesondere das Recht, Dritten zu verbieten, ein Erzeugnis, in das das Muster oder Modell aufgenommen ist oder bei dem es verwendet wird, herzustellen, anzubieten, einzuführen, auszuführen oder zu verkaufen. Er kann auch eine Lizenz vergeben oder Dritten die Benutzung des Geschmacksmusters zu einvernehmlich festgelegten Bedingungen gestatten. Dies steht im Einklang mit Artikel 2 des Abkommens, in dem es heißt: "*Jeder Entwerfer eines gewerblichen Musters oder Modells und seine Rechtsnachfolger haben das ausschließliche Recht, dieses Muster oder Modell zu verwerten und die Erzeugnisse, in die das Muster oder Modell aufgenommen ist, unter den in diesem Anhang festgelegten Bedingungen zu gewerblichen oder kommerziellen Zwecken zu verkaufen oder verkaufen zu lassen, unbeschadet ihrer Rechte aus anderen gesetzlichen Bestimmungen.*"

Hervorzuheben ist, dass der Entwerfer sein Recht an dem Geschmacksmuster auch an Dritte verkaufen kann.

Die Dauer des Schutzes, der unter den Gesetzen zu gewerblichen Mustern und Modellen gewährt wird, beträgt in der Regel fünf Jahre und kann mehrmals verlängert werden, so dass die Gesamtdauer in den meisten Fällen 15 Jahre beträgt. *Die* Eintragung eines *Geschmacksmusters* kann durch Zahlung einer Verlängerungsgebühr, deren Höhe durch Rechtsverordnung festgelegt wird, um zwei weitere aufeinanderfolgende Zeiträume von *fünf* Jahren verlängert werden." Der Gesetzgeber sagte: "Die *Dauer des Schutzes*, der durch das *Zertifikat* über *die* Eintragung eines *gewerblichen* Musters gewährt wird, *endet am Ende des fünften Jahres ab dem Tag der Einreichung der Anmeldung*. (Art. 12 Abs. 1 und 2).

Der Schutz des gewerblichen Musters oder Modells ist auf das Land/die Region beschränkt, in dem/der er gewährt wurde.

4) Patente

a) Was ist ein Patent?

Ein Patent ist ein exklusives Recht, das für eine Erfindung gewährt wird, bei der es sich um ein Produkt oder ein Verfahren handelt, das im Allgemeinen eine neue Art und Weise bietet, etwas zu tun, oder eine neue technische Lösung für ein Problem darstellt. Um ein Patent zu erhalten, müssen technische Informationen über die Erfindung in einer Patentanmeldung der Öffentlichkeit offengelegt werden.

Laut *WIPO* verleiht ein Patent seinem Inhaber das Recht zu entscheiden, wie - oder ob - die Erfindung von Dritten genutzt werden kann. Im Gegenzug stellt der Patentinhaber die technischen Informationen über die Erfindung in der veröffentlichten Patentschrift der Öffentlichkeit zur Verfügung.

Es ist zu beachten, dass eine Erfindung "*eine Idee, die in der Praxis die Lösung eines bestimmten Problems auf dem Gebiet der Technik ermöglicht*" ist und dass ein Patent *"das zum Schutz einer Erfindung erteilte Schutzrecht*" ist (Anhang I, Art. 1 des Bangui-Abkommens).

b) Was kann Gegenstand einer patentierbaren Erfindung sein?

In Artikel 2 des Gesetzes heißt es: "*Gegenstand eines Erfindungspatents (im Folgenden als Patent bezeichnet) kann eine Erfindung* sein, *die **neu ist, auf** einer **erfinderischen Tätigkeit** beruht und **gewerblich anwendbar ist***", was bedeutet, dass eine Erfindung neu, erfinderisch (auf einer erfinderischen Tätigkeit beruhend) und gewerblich anwendbar sein muss, damit sie patentierbar ist. Es ist zu beachten, *dass* eine Erfindung "*aus einem Produkt, einem Verfahren oder deren Verwendung bestehen oder sich auf diese beziehen kann"* und dass sie rechtmäßig sein sollte, woraus sich der Begriff **des nicht patentierbaren Gegenstands ergibt.**

J **Die Neuheit**

Um patentiert zu werden, muss eine Erfindung neu sein, was bedeutet, dass sie noch nie zuvor gemacht, durchgeführt oder benutzt worden sein darf. Die Gesetzgebung sieht hierzu Folgendes vor

"*(1) Eine Erfindung ist neu, wenn sie im Stand der Technik keinen Vorläufer hat.*

2) Der Stand der Technik besteht aus allem, was vor dem Tag der Einreichung der Patentanmeldung oder einer im Ausland eingereichten Patentanmeldung der Öffentlichkeit unabhängig von Ort, Mittel oder Art und Weise zugänglich gemacht wurde und dessen Vorrang wirksam beansprucht wurde...". (Artikel 3)

J **Erfinderische Tätigkeit**

Die erfinderische Tätigkeit ist ein integraler Bestandteil der Kriterien für die Patentierbarkeit eines Gegenstands. Mit anderen Worten: Die Erfindung muss einen ausreichenden Fortschritt gegenüber dem Stand der Technik vor ihrer Ausführung darstellen, um als patentierbar angesehen werden zu können. Daher werden auch Ausdrücke wie "decouler de *manière evidente*" (*auf offensichtliche Weise entstehen)* verwendet. Das bedeutet, dass eine Erfindung, die für einen Fachmann offensichtlich aus dem Stand der Technik hervorgeht, nicht die notwendigen Voraussetzungen für einen patentierbaren Gegenstand erfüllt.

Der Gesetzgeber sieht vor: "*Eine Erfindung gilt als auf einer erfinderischen Tätigkeit entstanden, wenn sie sich für einen Fachmann mit durchschnittlichen Kenntnissen und Fertigkeiten am Tag der Einreichung der Patentanmeldung oder, wenn eine Priorität in Anspruch genommen wurde, am Tag der für diese Anmeldung rechtswirksam in Anspruch genommenen Priorität nicht in offensichtlicher Weise aus dem Stand der Technik ergibt.*" (Artikel 4)

J **Industrielle Anwendung**

Nach dem Gesetzgeber *ist "eine Erfindung als gewerblich anwendbar anzusehen, wenn ihr Gegenstand in jeder Art von Gewerbe hergestellt oder benutzt werden kann. Der Begriff gewerblich ist im weitesten Sinne zu verstehen; er umfasst insbesondere das Handwerk, die Landwirtschaft, die Fischerei und das Dienstleistungsgewerbe.*"

So muss die Erfindung in der Praxis in einem bestimmten Umfang genutzt werden können. Dies ist ein sehr breites Kriterium. Die Erfindung muss also in irgendeiner Weise nutzbar sein.

c) Nicht patentierbarer Gegenstand

Es gibt viele Erfindungen, die patentierbare Gegenstände sein können, und einige, die nicht patentierbar sind, aber anderen Schutzarten unterliegen können, wie dem Urheberrecht oder der Anmeldung von Mustern und Modellen. Hier sind nur einige Beispiele dafür, was nicht patentiert werden kann.

Nach dem Patentgesetz darf eine Erfindung nicht nur :

- Eine Idee ;
- Eine Entdeckung, eine wissenschaftliche Theorie oder eine mathematische Methode,
- Eine ästhetische und ornamentale Schöpfung,
- Ein Plan, Schema, eine Regel oder eine Methode, um eine geistige Handlung auszufuhren, ein

Spiel zu spielen oder Geschafte zu machen, oder ein Computerprogramm,

- Eine Präsentation der Informationen,
- Computerprogramm
- Ein Verfahren zur chirurgischen oder therapeutischen Behandlung oder Diagnose, das an Menschen oder Tieren vorgenommen werden soll.
- Eine pharmazeutische Zusammensetzung oder Heilmittel aller Art;
- Jede Erfindung, die gegen die öffentliche Ordnung oder die guten Sitten verstößt (Artikel 6).

***J* Software und Geschäftsmethoden**

Eine Idee, die lediglich ein Computerprogramm oder ein Schema, eine Regel oder eine Methode zum Betreiben von Geschäften darstellt, ist nicht technischer Natur und kann daher nicht patentiert werden. Erfindungen technischer Natur, die eine Geschäftsmethode beinhalten oder die durch ein Computerprogramm realisiert werden oder realisiert werden können, können jedoch patentierbar sein. Programmcode oder reine Geschäftsmethoden können im OAPI-Raum nicht patentiert werden (Artikel 2 des Anhangs VII des Bangui-Abkommens). Eine Erfindung technischer Art, die eine Geschäftsmethode enthält oder die durch ein Computerprogramm realisiert wird oder realisiert werden kann, kann jedoch patentierbar sein.

Wie immer muss die Erfindung die Anforderungen der Neuheit, der erfinderischen Tätigkeit und der gewerblichen Anwendbarkeit erfüllen. Mit anderen Worten: Sie muss eine technische Lösung für ein Problem darstellen und einen technischen Beitrag leisten, der im Vergleich zur bekannten Technologie nicht offensichtlich ist.

Erfindungen im Zusammenhang mit Computern

Mobiltelefone, GPS-Navigationssysteme und verschiedene Arten von Unterhaltungselektronik sind Beispiele für Erfindungen im Zusammenhang mit der Informatik, die einbezogen werden können. Eine Erfindung, die einen Computer, ein Computernetzwerk oder eine andere programmierbare Vorrichtung verwendet, und die Erfindung weist eine oder mehrere Eigenschaften auf, die ganz oder teilweise mit Hilfe eines Computerprogramms realisiert werden.

Kommerzielle Methoden

Der Begriff Geschäftsmethode wird im Zusammenhang mit Patenten verwendet, um Ideen administrativer oder kommerzieller Art zu bezeichnen. Beispiele für Geschäftsmethoden sind Werbung, Online-Dienste, Risikobewertungen und der computergestützte Aktienhandel.

Eine reine Geschäftsmethode ist nicht technischer Natur und daher keine Erfindung. Eine Erfindung, die eine Geschäftsmethode darstellt, aber eine speziell angepasste Technologie verwendet, so dass die Lösung des Problems rein technisch ist, kann jedoch patentierbar sein.

Beispiel

Stellen Sie sich vor, Sie haben eine Idee, wie Sie Ihre Rechnungen online bezahlen können. Die

Geschäftsmethode besteht darin, Kunden von Bankfilialen wegzulocken, wo Personal und Räumlichkeiten Geld zufriedenstellen. Die Idee wird in einer technischen Lösung ausgedrückt, bei der die Nutzung und Verschlüsselung das Problem auf eine neue Art und Weise löst.
Diese Methode ist nur dann patentierbar, wenn die technische Lösung patentierbar ist. Mit anderen Worten: Eine technische Lösung des Problems ist notwendig, um die Idee zu patentieren.

Zusätzlicher Schutz

Neben dem Patentschutz gibt es einen zusätzlichen Schutz, der für Computererfindungen zur Verfügung steht: Urheberrecht, Schutz des Schaltungsdesigns und Schutz von Betriebsgeheimnissen.

J **Biotechnologie**

Die Biotechnologie umfasst die technische Anwendung biologischer Prozesse in Mikroorganismen, Pflanzen oder Tieren. Wir profitieren von der Biotechnologie in der Lebensmittelindustrie, der Landwirtschaft und der Medizin.
In der Biotechnologie ist es beispielsweise moglich, genetisch veranderte Produkte zu patentieren, wahrend Methoden des Klonens von Menschen als unethisch gelten und daher nicht patentierbar sind.

Patentierbare biotechnologische Erfindungen

a) Verfahren zur Herstellung oder Analyse von Proteinen und ihre Verwendung in einem Analyseverfahren oder in einem Arzneimittel.
b) Proteine, DNA-Sequenzen, Mikroorganismen und Bestandteile des menschlichen Körpers (z. B. Zellen), die bereits in der Natur vorkommen, wenn sie von ihrer natürlichen Umgebung isoliert oder durch ein technisches Verfahren hergestellt wurden, und die nicht zuvor beschrieben wurden.
c) Ein Gen, das isoliert wird und eine neue Aufgabe als Medikament oder Diagnosewerkzeug erhält.
d) Genetisch veränderte Produkte wie Pflanzen und Tiere.

Nicht patentierbare biotechnologische Erfindungen

1) Reine Entdeckungen, z. B. Teile von Tieren, Pflanzen oder Mikroorganismen, die entdeckt, aber nicht isoliert oder näher beschrieben wurden.
2) Erfindungen, die gegen die öffentliche Ordnung oder die guten Sitten verstoßen und von der Gesellschaft als unethisch und unannehmbar angesehen werden. Zum Beispiel ist es nicht möglich, eine Methode des reproduktiven Klonens von Menschen zu patentieren, da sie gegen die öffentliche Ordnung und die guten Sitten verstößt. Weitere Informationen zu Biotechnologie und Ethik finden Sie hier.

Erfindung oder Entdeckung?

Etwas, das nur eine Entdeckung ist, wie die Identifizierung eines neuen Gens, ist nicht patentierbar.

Wenn Sie aber die Funktion des Gens genauer untersucht haben, wenn es als Medikament oder Diagnoseinstrument verwendet wird, dann ist es eine Erfindung, die durch ein Patent geschützt werden kann. Der Schutz wird oft als "isolierte DNA-Moleküle mit (einer bestimmten) Nukleotidsequenz" definiert. Mit anderen Worten, man kann nicht sagen, dass der Schutz die DNA in der Natur umfasst, sondern nur künstliche DNA-Moleküle oder DNA, die aus dem menschlichen Körper isoliert und auf das Stück reduziert wird, das Sie interessiert.

Pflanzen und Tiere?

Eine Erfindung, die sich auf Pflanzen und Tiere bezieht, kann patentiert werden, wenn die Ausführbarkeit der Erfindung nicht auf eine bestimmte Pflanzensorte oder Tierrasse beschränkt ist. Auch ein mikrobiologisches Verfahren und die Produkte eines solchen Verfahrens, z. B. Pflanzen und Tiere, können patentiert werden. Methoden, die aus biologischen Verfahren wie Kreuzung und Selektion zur Erzeugung von Pflanzen und Tieren bestehen, können jedoch nicht patentiert werden.

***J* Medizinische Methoden**

Vorrichtungen und Produkte zur Ausübung medizinischer Methoden können patentierbar sein, aber die Methoden selbst sind nicht patentierbar. Das liegt zum Teil daran, dass ein Patent Ärzte nicht daran hindern soll, Krankheiten zu heilen und zu verhindern, und zum Teil daran, dass die Methoden bei verschiedenen Patienten unterschiedliche Wirkungen haben können. Sie sind daher nicht reproduzierbar.

Maschinen mit immerwährender Bewegung

Es ist nicht möglich zu beweisen, dass eine Maschine mit Perpetuum mobile ewig funktionieren wird, daher ist sie nicht patentierbar.

Moralite

Es ist nicht möglich, Patente für Erfindungen zu erhalten, die gegen die öffentliche Ordnung oder die guten Sitten verstoßen.

Beispiel

Stellen Sie sich vor, Sie haben ein Molekül mit Süßkraft erfunden, das auf die Gesundheit der Menschen abgestimmt ist. Können Sie für Ihre Erfindung ein Patent erhalten? Ja, wenn Ihr Molekül völlig neu ist, d.h. wenn es für diese Wirkung noch nirgendwo auf der Welt bekannt ist. Es muss sich auch wesentlich von anderen Molekülen unterscheiden, die mit dieser Eigenschaft ausgestattet sind. Welche Aspekte Ihrer Erfindung können patentierbar sein?

Brevetable	**Nicht patentierbar**
Die Methode zur Herstellung des Moleküls	Die chemische Formel des Moleküls
Verwendung des Moleküls	Formeln über den Wirkungsmechanismus des Ficons, auf das das Molekül einwirkt
	Ein Schema über die i'acon, das Molekül zu verkaufen

d) Wie kann man eine Erfindung schützen?

Wenn es um den Schutz einer Erfindung geht, ist das Patent das wirksamste Mittel. Dieser rechtliche Prozess wird in der Regel vom Patentamt des Landes, in dem Sie Ihre Erfindung schützen wollen, oder von einem regionalen Amt wie der OAPI geregelt. Wie oben erwähnt, werden Patentrechte im Gegenzug für die vollständige Offenlegung der Technologie durch den Erfinder in der Patentanmeldung gewährt.

Eine weitere Möglichkeit, Schutz zu erlangen, besteht darin, die Technologie geheim zu halten und sich auf das zu stützen, was gemeinhin als "Geschäftsgeheimnis" oder Handelsgeheimnis bezeichnet wird. Der Schutz von Geschäftsgeheimnissen umfasst alle Informationen, die im rechtlichen Sinne als solche gelten. Er dient dazu, die vertrauliche Natur der Informationen zu bewahren, damit sie nicht unberechtigterweise offengelegt und von Unbefugten verwendet werden. Geschäftsgeheimnisse können nicht zum Schutz registriert werden, sondern müssen lediglich geheim gehalten werden.

e) Die Erteilung eines Patents

Der erste Schritt besteht darin, eine Patentanmeldung einzureichen. Sie enthält folgende Informationen: die Bezeichnung der Erfindung, die Angabe des technischen Gebiets, auf das sie fällt, und eine Beschreibung der Erfindung, die so klar abgefasst ist, dass eine Person, die mit dem Gebiet, um das es geht, vertraut ist, die Erfindung beurteilen und realisieren kann. Die Beschreibung ist in der Regel mit Abbildungen, Zeichnungen, Plänen oder Grafiken versehen, die das Verständnis der Erfindung erleichtern sollen.

Neben den genannten Elementen gibt es noch ein weiteres Element, das den Kern des Patents, die "Ansprüche", bildet. Dies sind die Informationen, die es ermöglichen, den Umfang des durch das Patent gewährten Schutzes festzulegen. Um seine Rechte an einem Patent geltend zu machen, ist es wichtig, vor den zuständigen Gerichten zu klagen, die häufig befugt sind, ein von einem Dritten angefochtenes Patent für ungültig zu erklären.

f) Dauer und Rechte aus einem Patent

Der Inhaber eines Patenttitels hat grundsätzlich das ausschließliche Recht, zu verhindern oder Dritte daran zu hindern, seine Erfindung in dem durch das Patent abgedeckten Gebiet gewerblich zu nutzen. Es geht darum, Dritten zu verbieten, die Erfindung ohne seine Zustimmung herzustellen, zu benutzen, zum Verkauf anzubieten, zu importieren oder zu verkaufen. Mit dem Patenttitel kann der Erfinder die Erfindung in Lizenz vergeben oder Dritten erlauben, sie zu vereinbarten Bedingungen zu nutzen. Er kann auch sein Recht an der Erfindung an einen Dritten verkaufen, der dann seinerseits Inhaber des Patents wird.

Es ist wichtig, darauf hinzuweisen, dass Patente territoriale Rechte sind. In der Regel gelten die exklusiven Rechte des Erfinders nur in dem Land oder der Region, in dem/der das Patent angemeldet und erteilt wurde, gemäß den Gesetzen dieses Landes oder dieser Region.

Es sei darauf hingewiesen, dass der Schutz des Patenttitels für eine begrenzte Zeit, nämlich 20 Jahre ab dem Tag der Anmeldung, gewährt wird (Artikel 9 und 10).

Das Patent verleiht dem Inhaber das Recht, sich die Erfindung oder die gewerbliche Technik der Erfindung ganz oder teilweise anzueignen oder zu verwerten. Das bedeutet, dass er (der Patentinhaber) das patentierte Produkt oder das patentierte Verfahren herstellen oder auf den Markt bringen kann, die Abtretung seines Rechts oder Lizenzverträge gegen eine entsprechende Vergütung aushandeln kann (man spricht dann von einem Vermögensrecht am Patent).

Das Patent ist nicht nur ein Vermögensrecht, sondern verleiht den Berechtigten je nach Fall auch ein moralisches Recht, das aus zwei Vorrechten besteht: einem Recht auf Offenlegung (der Erfinder entscheidet, ob er seine Erfindung der Öffentlichkeit zugänglich macht) und einem Recht auf Patenschaft (der Name des Erfinders und seine Eigenschaft müssen auf dem Patenttitel erwähnt werden). Im letzteren Fall kann der Erfinder auf dieses Recht verzichten und sich dafür entscheiden, anonym zu bleiben.

Es sollte auch klargestellt werden, dass ein Patent aus Gründen der Forschungsexperimente, der Zwangslizenzen und der Lizenzen von Amts wegen auch ohne die Zustimmung des Patentinhabers verwertet werden kann. Es kann auch vorkommen, dass die Jahresgebühren für den Schutz eines Patents nicht eingehalten werden, was zur Folge hat, dass es nicht genutzt werden kann, oder dass es aufgrund der Erschöpfung von Patentrechten (Nutzung des Patents in einer bestimmten Region, was zu einem Parallelimport führt (Artikel 30 TRIPS, Art. 8, Anhang I)) nicht genutzt werden kann.

Das Patentrecht ist vererbbar und wird im Falle von Miteigentum gemeinschaftlich (Art. 10.2, Anhang I).

In der Regel werden Patente von den nationalen Patentämtern erteilt. Das bedeutet, dass die Wirkung des Patents auf die betreffenden Länder beschränkt ist. Patente können jedoch auch von regionalen

Ämtern erteilt werden, die für mehrere Länder zuständig sind, z. B. die Afrikanische Organisation für geistiges Eigentum (OAPI) oder die Afrikanische Regionale Organisation für gewerbliches Eigentum (ARIPO). Im letzteren Fall nimmt das regionale Amt regionale Patentanmeldungen an oder erteilt regionale Patente, die die gleiche Wirkung haben wie die in den Mitgliedstaaten der Region eingereichten Anmeldungen oder erteilten Patente. Die Anwendung dieser regionalen Patente fällt in die Zuständigkeit der einzelnen Mitgliedstaaten.

g) Abtretung von Rechten und Lizenzen Vs. Franchisevertrag

■ Eine Lizenz an einem Patentrecht ist der Vertrag, durch den der Inhaber des betreffenden Rechts einem Dritten ganz oder teilweise die Nutzung seines Nutzungsrechts einräumt, gegebenenfalls gegen Zahlung einer Lizenzgebühr. (Art. 36, Anhang I)

■ Im Gegensatz zur Lizenz, die dem Empfänger ein Nutzungsrecht an einem Patenttitel einräumt, wird bei der Abtretung eines Patenttitels das Eigentum vom Abtretenden auf den Zessionar übertragen. Wie in Artikel 33 des Anhangs I des Bangui-Abkommens dargelegt, unterliegt die Abtretung eines Patenttitels zwei Erfordernissen: Erstens muss die Abtretung des Patenttitels in einem bestimmten Zeitraum erfolgen, und zweitens muss die Abtretung in einem bestimmten Zeitraum erfolgen:

J Sie muss unter Androhung der Nichtigkeit schriftlich festgestellt werden.

J Sie muss im Patentregister eingetragen werden, um Dritten gegenüber wirksam zu sein.

■ Das Franchising ist ein Vertrag, der die Zusammenarbeit zwischen einem Franchisegeber und einem oder mehreren Franchiseunternehmen regelt. *Franchising* ist ein Vertrag, in dem sich eine Person, die als Franchisegeber bezeichnet wird, verpflichtet, einer anderen Person, die als Franchisenehmer bezeichnet wird, Know-how zu vermitteln, ihr die Nutzung ihrer Marke zu ermöglichen und sie eventuell gegen Zahlung einer Gebühr mit Waren zu beliefern.

5) Gebrauchsmuster

Ein Gebrauchsmuster (auch bekannt als kleines Patent) ist ein Eigentumsrecht, das zum Schutz von... (Artikel 1, Anhang II) "*Arbeitsinstrumente oder Gegenstände, die zum Gebrauch bestimmt sind, oder Teile dieser Instrumente oder Gegenstände, sofern sie für die Arbeit oder den Gebrauch, für den sie bestimmt sind, durch eine neue Konfiguration, Anordnung oder Vorrichtung nützlich und gewerblich anwendbar sind...*" (Artikel 1, Anhang II).

Mit anderen Worten: Es handelt sich um ein Recht zum Schutz jeder neuen technischen Lösung, die mit der Veränderung bestehender Vorrichtungen, der Konfiguration oder der Anordnung von Elementen bestimmter Vorrichtungen, Instrumente, Handwerke, Mechanismen und Produkte, einschließlich Produkte aus genetischen Ressourcen, auf Pflanzenbasis verbunden ist. Sie wird in der Regel für Erfindungen beantragt, die technisch weniger komplex sind oder eine kurze kommerzielle

Nutzungsdauer haben.

Im Vergleich zum Patent ist das Verfahren zur Erlangung des Schutzes von Gebrauchsmustern im Allgemeinen einfacher. Die materiellen und formellen Voraussetzungen des anwendbaren Rechts für Gebrauchsmuster sind von Land zu Land oder von Region zu Region sehr unterschiedlich.

Im Rahmen des geistigen Eigentumsrechts muss eine Erfindung zwei Kriterien erfüllen, um einen Gebrauchsmusterschutz zu erhalten: **Neuheit** (neue Konfiguration; neue Anordnung oder Vorrichtung) und **gewerbliche Anwendbarkeit.**

a) Die Neuigkeit

d. h. die Erfindung wurde während eines bestimmten Zeitraums vor der Einreichung der Anmeldung nicht gewerblich genutzt (Art. 2, Anhang II).

b) Gewerbliche Anwendbarkeit *"Ein Gebrauchsmuster ist als gewerblich anwendbar anzusehen, wenn sein Gegenstand in jeder Art von Industrie hergestellt oder verwendet werden kann. Der Begriff industriell ist im weitesten Sinne zu verstehen; er umfasst insbesondere das Handwerk, die Landwirtschaft, die Fischerei und den Dienstleistungssektor...".* (Art.3, Anhang II)

J **Ungeschützte Objekte als Gebrauchsmuster**

Kann nicht als Gebrauchsmuster registriert werden:

- Alles, was gegen die öffentliche Ordnung oder die guten Sitten, die öffentliche Gesundheit, die nationale Wirtschaft oder die nationale Verteidigung verstößt,
- Alles, was bereits Gegenstand eines Erfindungspatents oder einer Gebrauchsmustereintragung auf der Grundlage einer früheren Anmeldung oder einer Anmeldung mit früherer Priorität war (Art. 4, Anhang II).

Recht und Schutzdauer

Der Inhaber der Eintragungsurkunde hat das Recht, jedermann zu verbieten, das Gebrauchsmuster durch folgende Handlungen zu verwerten: Herstellung, Anbieten zum Verkauf, Verkauf und Gebrauch des Gebrauchsmusters, Einfuhr und Besitz des Gebrauchsmusters zum Zwecke des Anbietens zum Verkauf, des Verkaufs oder des Gebrauchs Im Vergleich zum Patent, das die Erfindung für einen Zeitraum von 20 Jahren schützt, hat das Gebrauchsmuster eher eine Schutzdauer von 10 Jahren ab dem Anmeldetag (Art. 5 und 6, Anhang 2).

6) Unlauterer Wettbewerb

Unlauterer Wettbewerb ist jede Handlung oder Praxis, die bei der Ausübung von gewerblichen oder kommerziellen Tätigkeiten gegen die anständigen Gepflogenheiten verstößt. Die Pariser Verbandsübereinkunft zum Schutz des gewerblichen Eigentums legt fest, dass es sich im Wesentlichen um folgende Handlungen handelt:

J Handlungen, die geeignet sind, auf irgendeine Weise eine Verwechslung mit dem Betrieb, den Produkten und dem industriellen oder kommerziellen Geschehen eines Konkurrenten herbeizuführen. Beispiel: Die Verwendung einer Marke, die mit einer anderen Marke identisch oder ihr ähnlich ist, für Waren der gleichen Kategorie.

J Handlungen, die falsche Behauptungen darstellen, die geeignet sind, den Betrieb, die Produkte oder die gewerbliche oder kommerzielle Tätigkeit eines Konkurrenten in Misskredit zu bringen
Beispiel: Die Tatsache, dass ein Unternehmen einen Konkurrenten angreift, indem es falsche und ungenaue Angaben über dessen Produkte oder Dienstleistungen macht;
J Die Irrefuhrung der Offentlichkeit durch Verkaufsförderung oder Werbung uber die Art, das Herstellungsverfahren, die Eigenschaften, die Gebrauchstauglichkeit oder die Menge der Waren.
Beispiel: Ein Unternehmen, das irreführende oder unrichtige Angaben über die Qualität oder Sicherheit seiner eigenen Produkte macht.
J Die Offenlegung oder Nutzung von Geheimnissen oder vertraulichen Informationen ohne die Zustimmung des rechtmäßigen Besitzers der Informationen auf eine Art und Weise, die gegen die ehrbaren Handelsgepflogenheiten verstößt.
Beispiel: Praktiken, die darauf abzielen, sich durch Industrie- oder Handelsspionage geheime Informationen anzueignen, die sich im Besitz anderer befinden, wie etwa der Herstellungsprozess eines Produkts;
J Die Tatsache, dass das Image oder der Ruf des Unternehmens eines Dritten geschädigt wird, unabhängig davon, ob dies zu einer Verwechslung führt oder nicht.

II. Bedeutung des geistigen Eigentums für einen Chemiker, der ein Unternehmen gründet

1) Zu erkundender Bereich

Der Chemiesektor reicht von Herstellern von Grundchemikalien bis hin zu Pharma- und Lebensmittelunternehmen. Er umfasst auch materialbasierte Unternehmen wie Hersteller von Kunststoffen, Agrochemikalien, Keramik und Metallen oder Metalllegierungen, die alle ihre eigenen Merkmale aufweisen. Die Grundstoffchemie ist anfälliger für Konjunkturzyklen, während die Pharma- und Lebensmittelindustrie innerhalb eines komplexen regulatorischen Rechtsrahmens operiert. Die Arbeit mit geistigem Eigentum in der Chemiebranche erfordert Kenntnisse der verschiedenen Bereiche, die es zu erforschen gilt.

Katalyse

Die chemische Industrie ist stets bemüht, verbesserte chemische Verfahren zu finden, die selektiver für die gewünschten Endprodukte sind, weniger kostspielig im Betrieb und energiesparender und umweltfreundlicher.

Der Chemiker kann seine neuen Katalysatortechnologien sowie die verbesserten chemischen Verfahren, auf die sie angewendet werden, schützen (neue Katalysatoren, katalytische Träger und verbesserte katalytische Prozesse).

Ein Beispiel dafür ist die FWC-Technologie, die den neuen Vier-Wege-Katalysator für Benzinmotoren darstellt. Dieser Katalysator wurde von Waltz Florian, Siani Attilio, Schmitz Thomas, Siemund Stephan, Schlereth und Li Hao erfunden und befindet sich im Besitz des deutschen Unternehmens BASF Corp (derzeitiger Übernehmer).

Wie bereits erwähnt, handelt es sich um einen Vier-Wege-Umwandlungskatalysator zur Behandlung eines Abgasstroms aus einem Benzinmotor. Dieser Katalysator mit der Bezeichnung FWC vereint die Funktionen eines Filters und eines Drei-Wege-Umwandlungskatalysators (TWC) auf einer einzigen alveolengestützten Struktur. Der Katalysator hält Partikel (PM), Kohlenmonoxid (CO), Kohlenwasserstoffe (HC) und Stickoxide (NOx) aus Benzinmotoren zurück, ohne die Leistung des Motors zu beeinträchtigen oder zusätzlichen Platz zu benötigen. *Lachgas (N2O) ist ein Treibhausgas mit einem Treibhauspotenzial, das 310-mal so hoch ist* wie *das von CO2, und einer atmosphärischen Lebensdauer von 114 Jahren. Autoabgase sind eine mögliche Quelle für N2O-Emissionen, sowohl als Nebenprodukt der Verbrennung des Kraftstoffs selbst als auch als Nebenprodukt, das bei der katalytischen Reduktion von NOx entsteht. In Anerkennung seines Potenzials zur globalen Erwärmung hat die US EPA bereits einen N2O-Emissionsgrenzwert* von *10 mg/Meile für leichte Fahrzeuge im FTP-Zyklus ab MY2012 und einen N2O-Emissionsgrenzwert von 0,1 g/Bhp-h für schwere Nutzfahrzeuge im FTP-Zyklus für schwere Fahrzeuge ab MY2014 festgelegt. In der Vergangenheit wurden Autokatalysatoren normalerweise auf eine maximale Reduktion von NOx (einem regulierten Schadstoff) optimiert, ohne den N2O-Wert zu berücksichtigen. Wenn nun N2O die Grenzwerte von 10 mg/Meile uberschreitet, gibt es dann eine Strafe gegen die CAFE-Kraftstoffsparanforderungen."*

Wir sehen also, dass erfinderische Chemiker es den Autofahrern ermöglicht haben, die Umweltstandards einzuhalten. Das bedeutet, dass man als Chemiker Katalysatoren entwickeln kann, die man an Unternehmen wie die BASF corp. verkauft.

Es ist anzumerken, dass das Unternehmen neben dem Erfindungspatent seine Technologie unter dem Namen FWC™ registriert hat. Dies stellt einen weiteren Vermögenswert des geistigen Eigentums dar.

So wurden diese Technologien entwickelt.

Dank dieser Erfindung konnte die Firma BASF Corp.

Elektrochemie

Während die Welt nach nachhaltigeren Energiequellen sucht, hat sich die Elektrochemie in der Forschung für die Pionierindustrien Automobil und Elektronik an die Spitze geschoben. Die Elektrochemie wird jedoch vielseitig eingesetzt und ihr Einfluss ist in vielen verschiedenen Bereichen zentral - von Displays bis zu Umweltbehandlungen, von der chemischen Analyse bis zur Produktion von schwer herstellbaren Molekülen.

Es gibt also ein breites Spektrum an elektrochemischen Verwendungsmöglichkeiten.

Diese speziellen Bereiche der Elektrochemie umfassen Brennstoffzellen (PEM, DMFC, AFC, PAFC, MCFC, SOFC, Materialien für Elektroden, Elektrolyte, Membranen, Grundlagenchemie), Batterien (Grundlagenchemikalien für Elektroden, Separatoren, Elektrolyte), (OLED, QLED), Umweltbehandlung (Abwasserreinigung, Elektrokoagulation), Durchführung chemischer Reaktionen (Elektroden für enzymatische Reaktionen) und chemische Analyse (Potentiometrie, Ampereometrie, Coulometrie und Voltametrie).

Ein Chemiker kann also durch die Entwicklung eines innovativen Artikels die Rolle des Erfinders übernehmen. Die Chemiker BEILLE Florent und ALLIX Jeremy vom Start-up-Unternehmen KEMIWATT haben zum Beispiel eine Batterie mit dem Namen "REDOX" erfunden, deren Technologie auf der Energiespeicherung durch biologisch abbaubare und recycelbare Elektrolyte beruht (Patent Nr. EP3545566A). Diese Entwicklung brachte ihnen den Gewinn des weltweiten Innovationswettbewerbs ein, der unter der Schirmherrschaft des französischen Ministeriums für Wirtschaft und Finanzen organisiert wurde. Es ist auch wichtig, daran zu erinnern, dass dieser Durchbruch von KEMIWATT das Ergebnis von Forschungsarbeiten am Institut für chemische Wissenschaften in Rennes (Universite de Rennes 1/CNRS/ENSCR/INSA Rennes) ist.

Energie und Petrochemie

Die Suche nach saubereren Energiequellen, sei es durch die Nutzung erneuerbarer Energien, elektrochemischer Mittel, der Kernenergie oder durch eine effizientere Nutzung fossiler Brennstoffquellen, wird durch grundlegende chemische Forschung und Entwicklung unterstützt. Darüber hinaus wird mit der Forderung nach saubereren, emissionsärmeren, umweltfreundlicheren und nachhaltigeren Kraftstoffen die Innovation in diesen Bereichen gefördert.

Ein Chemiker kann in diesem Bereich bereits geistiges Eigentum besitzen, und zwar in den Bereichen der grundlegenden Materialwissenschaft (Turbinen, Solarzellen, OPV), der elektrochemischen Forschung (Batterien, Brennstoffzellen usw.) und der Forschung im Bereich der Kernenergie.), Kernenergie (Spalt- und Fusionsreaktionen), Biomasse und Anlagen für alternative Rohstoffe und energetische Abfallverwertung, Kraftstoff- und Motorzusätze, Schmierstoffe und Öle sowie Bergbautechnologien zur effizienten Gewinnung von fossilen Brennstoffquellen, Seltenerdelementen etc.

Kulinarische Wissenschaft

Die Lebensmittelindustrie ist innovativ und äußerst wettbewerbsfähig. In bestimmten Bereichen wird der Patentschutz häufig genutzt, um einen Wettbewerbsvorteil zu erzielen.

Der Chemiker kann sich done mit dem Schutz von Aromakompositionen, Lebensmittelkonservierungsmitteln, Nutrazeutika, Lebensmittel- und Kaugummiformulierungen und Technologien zur Herstellung und Verarbeitung von Lebensmitteln beschäftigen.

So kann sich ein Chemiker für Pflanzenextrakte zur Formulierung von Nutrazeutika interessieren, wie es die Erfinder Patrick Ales, Alexandre Escaut und Jean Christophe Choulot getan haben, deren Patent sich auf (***Polysaccharidextrakt aus Lentinus und pharmazeutische, kosmetische oder nutrazeutische Zusammensetzungen, die einen solchen Extrakt enthalten (***FR2918988A1)) bezieht, ein Patent, das von der Firma CASTER SOC gehalten wird.

Haushaltsprodukte

Eine große Menge an Forschung und Entwicklung ist erforderlich, um Haushaltschemikalien herzustellen, die viele Menschen als selbstverständlich ansehen. So besteht beispielsweise ein anhaltender Bedarf an weniger scharfen, aber ebenso effektiven oder sogar noch effektiveren Produkten. Die Natur dieser inhärent schnellen und wettbewerbsorientierten Industrie bedeutet, dass ein robuster IP-Schutz von entscheidender Bedeutung ist.

Materialwissenschaft

Die Entwicklung neuer Materialien mit verbesserten Eigenschaften und ihre Anwendung in verschiedenen Technologiebereichen bieten zahlreiche Möglichkeiten für geistiges Eigentum für eine Vielzahl von Industrien.

Drucktechnologien

Ob es sich nun um Entwicklungen im relativ neuen und zunehmend zugänglichen Bereich der additiven Fertigung oder um Fortschritte in der etablierten Welt des traditionellen Drucks handelt, dieser Bereich ist voll von Innovationen, die sich auf ein breites Spektrum von Branchen auswirken.

Die sich schnell entwickelnde Technologie des 3D-Drucks verändert die Fertigung. Die Erforschung von Materialien wie Polymeren, Keramik und Metallen hat zu einer zunehmenden Verwendung von 3D- und 4D-gedruckten Teilen in einer Vielzahl von Anwendungen in der Medizin, Orthopädie, Elektronik, im Transportwesen und in zahllosen anderen Branchen geführt.

Auch der traditionelle Druck erfährt einen kontinuierlichen Fortschritt. Innovationen bei Tinten und Pigmenten, wie die Entwicklung flexibler und leitfähiger Formeln, die für tragbare Elektronik verwendet werden können, sind ständig im Gange. Auch die Substratmaterialien werden ständig weiterentwickelt, um den neuen Herausforderungen und Anforderungen des Drucks gerecht zu werden.

Chemie der Polymere

Die Polymerchemie berührt alle Aspekte unseres Lebens, von Lebensmittel- und Konsumgüterverpackungen bis hin zu High-Tech-Komponenten in Maschinen und Geräten, die im menschlichen und tierischen Körper verwendet werden.

Die zunehmende Verwendung von Polymeren führt zu zusätzlichen oder anderen Materialanforderungen, die auf grundlegender Ebene von der eingesetzten Chemie erfüllt werden. Darüber hinaus gibt es zusätzliche Herausforderungen, um zu nachhaltigeren Rohstoffen überzugehen und dabei die erwünschten Eigenschaften beizubehalten oder zu verbessern.

Dies stellt einen Bereich dar, der reich an Innovationen ist.

Physikalische Chemie

Die Entwicklungen in der physikalischen Chemie und der chemischen Analyse bilden die Grundlage für die wissenschaftliche Forschung und Entwicklung in einer Vielzahl von Bereichen. Die chemische Analyse ist entscheidend für die Reinheit von Chemikalien, Medikamenten und Lebensmitteln und beeinflusst damit die Lebensqualität, bestimmt die Fortschritte in der Medizin und Forensik und bietet Herstellern wichtige Geschäftsmöglichkeiten.

Ein Chemiker kann also ein Entwicklungsakteur in diesem Sektor werden, indem er Erfindungen oder Innovationen durchführt.

2) Bedeutung des geistigen Eigentums für Ihr KMU

Geistiges Eigentum hat seinen Ursprung in der Kreativität und dem Erfindungsreichtum des Menschen. So ist jedes Produkt oder jede Dienstleistung, die wir in unserem täglichen Leben nutzen, das Ergebnis einer langen Kette von großen und kleinen Innovationen, wie z. B. Designänderungen oder Verbesserungen, die einem Produkt das Aussehen oder die Funktionsweise verleihen, die es heute hat.

Nehmen wir ein einfaches Produkt wie das von Felix Hoffmann erfundene Aspirin (Acetylsalicylsäure), das am 1. Februar 1899 als Marke eingetragen wurde und am 6. März 1899 unter der Nummer 36433 in das Handelsregister des Kaiserlichen Patentamts in Berlin eingetragen wurde. Zu dieser Zeit war diese Erfindung in vielerlei Hinsicht ein Durchbruch, und wie andere chemische Moleküle erfuhr sie viele Verbesserungen, insbesondere in Bezug auf die Verfahren zur Gewinnung und Anwendung, die Titel für geistige Eigentumsrechte erwarben. Die Marke Aspirin war also auch als geistiges Eigentum eingetragen worden und half dem Unternehmen Bayer bei der Vermarktung und der Entwicklung einer treuen Kundschaft.

Der Chemiker versteht daher, dass unabhängig davon, welches Molekül sein Unternehmen erfindet oder welche Dienstleistung es anbietet, es wahrscheinlich ist, dass das Unternehmen regelmäßig eine große Menge an geistigem Eigentum (Marke, Patent, Gebrauchsmuster) verwendet und erschafft. Daher sollte der Chemiker systematisch die notwendigen Maßnahmen zum Schutz, zur Verwaltung und zur Durchsetzung seines geistigen Eigentums in Betracht ziehen, um die bestmöglichen Geschäftsergebnisse zu erzielen.

Wenn er ein geistiges Eigentumsrecht nutzen möchte, das anderen gehört, sollte er den Kauf oder Erwerb der Nutzungsrechte durch eine Lizenz in Erwägung ziehen, um einen möglichen kostspieligen Rechtsstreit zu vermeiden.

Fast alle kleinen Chemieunternehmen haben einen Handelsnamen oder eine oder mehrere Handelsmarken und sollten deren Schutz in Betracht ziehen. Die meisten dieser Unternehmen besitzen wertvolle vertrauliche Geschäftsinformationen, die von Kundenlisten bis hin zu Verkaufstaktiken reichen, und die sie vielleicht schützen möchten. Viele hätten kreative Originaldesigns entwickelt. Viele hätten ein urheberrechtlich geschütztes Werk produziert oder bei der Veroffentlichung, Verbreitung oder dem Verkauf im Einzelhandel geholfen. Einige haben vielleicht ein Produkt oder eine Dienstleistung erfunden oder verbessert. In all diesen Fällen muss der Chemiker, der sein Unternehmen gründet, darüber nachdenken, wie er das System des geistigen Eigentums am besten zu seinem Vorteil nutzen kann. Wir sollten nicht vergessen, dass ein geistiges Eigentumsrecht einem jungen Chemieunternehmen bei fast allen Aspekten der Geschäftsentwicklung und der Wettbewerbsstrategie helfen kann, von der Produktentwicklung bis zum Produktdesign, von der Erbringung von Dienstleistungen bis zum Marketing und von der Beschaffung finanzieller Mittel bis zum Export oder der Expansion des Unternehmens im Ausland durch Lizenzen oder Franchising. Um zu erfahren, wie all dies und noch viel mehr geschehen kann, ist es wichtig, sich mit Fachleuten auf diesem Gebiet zusammenzusetzen.

3) Geistiges Eigentum als Handelsgut

Die Vermögenswerte eines Unternehmens, sei es ein Chemieunternehmen oder ein anderes, lassen sich in zwei Hauptkategorien unterteilen:

- Sachwerte: Gebäude, Maschinen, Finanzanlagen und Infrastruktur.
- Immaterielle Vermögenswerte: Dazu gehören Humankapital, Know-how, Ideen, Marken, Designs und Innovationsfähigkeit.

In der Vergangenheit wurden die materiellen Aktiva als der wesentliche Teil des Wertes eines Unternehmens angesehen und waren weitgehend verantwortlich für die Bestimmung der Wettbewerbsfähigkeit eines Unternehmens auf dem Markt. Mit den letzten Jahren ist festzustellen, dass sich die Situation erheblich verändert hat. Die Unternehmen erkennen zunehmend, dass immaterielle Vermögenswerte oft wertvoller sind als ihre physischen Vermögenswerte, was größtenteils auf die Revolution der Informationstechnologie und das Wachstum der Dienstleistungswirtschaft zurückzuführen ist. Es ist klar, dass große Lagerhäuser und Fabriken zunehmend durch leistungsfähige Software und innovative Ideen als Haupteinnahmequelle für einen großen und wachsenden Anteil der Unternehmen weltweit ersetzt werden. Und selbst in Branchen, in denen traditionelle Produktionstechniken nach wie vor dominieren, werden kontinuierliche Innovation und endlose Kreativität zu den Schlüsseln für eine größere Wettbewerbsfähigkeit auf stark umkämpften Märkten, seien sie national oder international.

Der erfinderische Chemiker oder besser Unternehmer sollte wissen, dass immaterielle (intangible) Vermögenswerte einen zentralen Platz in der Wirtschaft einnehmen, und daher sollte er versuchen, das Beste aus diesen immateriellen Vermögenswerten zu machen.

Eine der wichtigsten Möglichkeiten, dies zu erreichen, ist der rechtliche Schutz immaterieller Vermögenswerte und, wenn sie die Kriterien für den Schutz geistigen Eigentums erfüllen, der Erwerb und die Beibehaltung von Rechten am geistigen Eigentum.

Zusammenfassend kann man sagen, dass Rechte an geistigem Eigentum insbesondere für die folgenden Kategorien erworben werden können:

- Innovative Produkte und Verfahren, die durch Patente und Gebrauchsmuster geschützt sind;
- Kulturelle, künstlerische und literarische Werke, Computersoftware und die Zusammenstellung von Daten, deren Schutz auf dem Urheberrecht und verwandten Rechten beruht; diese Werke können auch durch Markenrechte, Kollektivmarken, Zertifizierungsmarken und in einigen Fällen durch geografische Angaben geschützt werden, wobei bei letzteren zu beachten ist, dass sie eher für Unterscheidungszeichen geeignet sind.
- Kreative Designs, die auch Textildesigns umfassen, die durch gewerbliche Designrechte, d.h. Industriedesign, geschützt sind.
- Geschäftsgeheimnisse, die den Schutz von nicht veröffentlichten Informationen betreffen, die einen kommerziellen Wert haben oder einen Vorteil durch Know-how darstellen. Dies gilt auch für den Schutz von Industrie- und Verfahrensplänen.

4) Was sind Vermögenswerte des geistigen Eigentums wert?

Ein entscheidender Punkt des rechtlichen Schutzes von geistigem Eigentum ist, dass er immaterielle Aktiva in exklusive Eigentumsrechte umwandelt, wenn auch nur für einen begrenzten Zeitraum. Er ermöglicht es einem Chemiker, das Eigentum an den immateriellen Vermögenswerten seines Unternehmens zu beanspruchen und sie in vollem Umfang zu nutzen. So macht ein Unternehmer durch den Schutz des geistigen Eigentums an immateriellen Vermögenswerten diese Vermögenswerte zu einem greifbareren Gut, indem er sie in wertvolle exklusive Vermögenswerte umwandelt, die oft auf dem Markt gehandelt werden können.

Es ist wichtig, dass der Chemiker weiß, dass seine innovativen Ideen, kreativen Entwürfe oder auch die Marken seines Unternehmens, wenn sie nicht gesetzlich durch geistige Eigentumsrechte geschützt sind, von einem konkurrierenden Unternehmen ohne Einschränkungen frei und legal genutzt werden können. Wenn jedoch die immateriellen Vermögenswerte des Chemikers durch geistige Eigentumsrechte geschützt sind, erhalten diese Vermögenswerte einen konkreten Wert für sein Unternehmen, da sie zu Eigentumsrechten werden, die nicht ohne seine Zustimmung vermarktet oder genutzt werden dürfen.

Es ist bemerkenswert, dass sich immer mehr Investoren, Börsenmakler und Finanzberater dieser Tatsache bewusst werden und begonnen haben, den Vermögenswerten des geistigen Eigentums einen hohen Wert beizumessen. Dies erklärt, warum die meisten Unternehmen auf der ganzen Welt den Vermögenswerten des geistigen Eigentums Beachtung schenken. So haben viele Unternehmen mit regelmäßigen Prüfungen des geistigen Eigentums begonnen, auch im Bereich der Technologie.

Durch die Aktiva des geistigen Eigentums profitiert der Chemieunternehmer von :

- Eine gute Marktposition und einen Wettbewerbsvorteil. Das geistige Eigentum verleiht dem Unternehmer und seinem Unternehmen das ausschließliche Recht, Dritte daran zu hindern, ein Produkt oder eine Dienstleistung kommerziell zu nutzen, wodurch die Konkurrenz für sein innovatives Produkt verringert wird und das Unternehmen eine bessere Marktposition erreichen kann.
- Eine höhere Rendite auf die Investitionen. Wenn der Chemieunternehmer viel Geld und Zeit in Forschung und Entwicklung investiert hat, ist die Nutzung der Werkzeuge des IP-Systems wichtig, um seine Investitionen in Forschung und Entwicklung wieder hereinzuholen und höhere Renditen zu erzielen.
- Bessere Einnahmen, da diese aus der Lizenzierung oder dem Verkauf bzw. der Vergabe von geistigem Eigentum stammen. Ein Inhaber von geistigem Eigentum kann sich dafür entscheiden, die Rechte an andere Unternehmen gegen Pauschalzahlungen oder Lizenzgebühren zu lizenzieren oder zu verkaufen, um zusätzliche Einnahmen für das Unternehmen zu generieren.
- Eine Macht, Verhandlungen zu führen. Der Besitz von geistigem Eigentum, das für andere von Interesse ist, kann nämlich nützlich sein, wenn Sie um die Erlaubnis bitten, das geistige Eigentum anderer zu nutzen. In solchen Fällen handeln Chemieunternehmen häufig Cross-Licensing-Vereinbarungen aus, bei denen jede Partei dem anderen Unternehmen erlaubt, sein geistiges Eigentum in der im Lizenzvertrag festgelegten Weise zu nutzen.
- Eine Fähigkeit, Finanzierungen zu angemessenen Zinssätzen zu erhalten.

- Ein positives Image für sein Unternehmen. So können Geschäftspartner, Investoren und Aktionäre IP-Portfolios als Demonstration des hohen Niveaus an Fachwissen, Spezialisierung und technologischen Fähigkeiten innerhalb des Unternehmens wahrnehmen. Darüber hinaus kann es sich als nützlich erweisen, um Kapital zu beschaffen, Geschäftspartner zu finden und das Profil und den Marktwert des Unternehmens zu steigern.

Anhänge und Referenzen :

- Gesetz° 2000/011 vom 19.12.2000 von Kamerun
- Bangui-Abkommen
- https://www.basf.com/fr/fr/who-we-are/innovation/catalyst-for-gasoline-engines1.html
- https://www.hgf.com/sector-groups/chemistry/
- WIPO-Archiv

Kapitel IV
das Patent die Waffe des unternehmerischen Chemikers

Ein Patent ist ein ***von einer nationalen*** oder regionalen ***Behörde*** ausgestelltes offizielles Dokument, das eine Erfindung beschreibt und ein angemessenes Recht bietet, andere Parteien daran zu hindern, die Erfindung **in einem bestimmten Gebiet zu** kommerziellen Zwecken zu nutzen. Die Nichteinhaltung dieses Titels eröffnet **die Möglichkeit, wegen Patentverletzung zu klagen.** In der Regel wird dieses Recht auf Antrag und Klage im Austausch gegen die vollständige Offenlegung einer Erfindung gewährt. In den meisten Patentämtern ist die Offenlegung zunächst eine vertrauliche Offenlegung gegenüber dem Amt selbst, die 18 Monate später zu einer nicht-vertraulichen Offenlegung gegenüber der Öffentlichkeit wird. Diese Art von Patent gewährt dem Anmelder das Exklusivrecht und das Recht, die in der Erfindung beanspruchten Informationen während eines kurzen Zeitraums zu nutzen oder zu verkaufen. Dabei ist die Unterscheidung zwischen Erfinder und Eigentümer zu beachten: Ein Erfinder erhält das auf seinen Namen erteilte Patent; ein Erfinder wird jedoch immer ein Erfinder bleiben. Der Erfinder kann dann das Eigentum an der Erfindung an eine andere Person abtreten. In den Ländern der OAPI-Region haben Patente eine Laufzeit von 20 Jahren ab dem Datum der vorzeitigen Anmeldung und der Zahlung der vorgeschriebenen Jahresgebühren.

Wir sollten uns vor Augen halten, dass ein Patent keine Entdeckung, sondern eine Erfindung ist. Um für ein Patent akzeptabel zu sein, muss eine Erfindung drei Hauptkriterien erfüllen: (1) Sie muss neu sein, (2) sie muss einen gewissen Nutzen haben, z. B. funktional und/oder betrieblich, und (3) sie darf für den Fachmann auf dem Gebiet der Erfindung nicht offensichtlich sein. Zweitens ist es klar, dass ein Patent für die physische Umsetzung einer Idee erteilt wird oder auch auf ein Verfahren angewendet wird, das etwas Marktgängiges oder Reales, mit anderen Worten, kommerziell Verhandelbares hervorbringt. Neue und nützliche Produkte, Verfahren, Herstellungen oder Stoffzusammensetzungen sowie jede neue und nützliche Verbesserung dieser Elemente, aber auch neue Verwendungen einer bekannten Verbindung sind patentierbar. Wie im vorigen Kapitel erwähnt, gehören zu den nicht patentierbaren Gegenständen Ideen, wissenschaftliche Prinzipien, Theoreme oder eine Erfindung, die illegal oder zu illegalen Zwecken gemacht wurde. Naturphänomene und Naturgesetze sind nicht patentfähig.

Neben dem Patenttitel, der verwendet wird, wenn eine Erfindung geschützt werden muss, kann der Chemiker auch auf das Gebrauchsmusterzertifikat zurückgreifen, das manchmal auch als kleines Patent bezeichnet wird§. Wie im vorherigen Kapitel beschrieben, ist es ein Titel, der unter den gleichen Bedingungen wie das Patent erteilt wird, aber nur für sechs Jahre gültig ist. Das Verfahren zur Erteilung ist einfacher, schneller und billiger.

Es sei daran erinnert, dass das Gebrauchszertifikat besonders für Erfindungen geeignet ist, die schnell obsolet werden (Innovation). Es ist jedoch kein Patent und darf auch nicht als solches ausgegeben werden, da dies einen Akt des unlauteren Wettbewerbs darstellen würde.

Die Staaten mit den meisten Patentanmeldungen weltweit sind laut dem WIPO-Bericht 2020 China, die USA, Japan, die Republik Korea, Holland und Deutschland, wie die folgende Tabelle zeigt:

Origin	Patente	Marks	Designs
China	1	1	1
U.S.	2	2	4
Germany	5	4	3
Japan	3	5	8
Republik Korea	4	11	2
Frankreich	6	9	7
U.K.	7	7	9
India	9	6	13
Italien	11	13	5
Switzerland	8	14	10
Iran (Islamic Republic of)	21	3	12
Russische Föderation	12	8	16
Türkei	23	10	6
Niederlande	10	19	14

Tabelle 1. Rangfolge der gesamten IP-Anmeldetätigkeit (Inländer und Ausländer) nach Herkunft, 2020

(Quelle WIPO)

Es ist wichtig zu erwähnen, dass die Patentanmeldungen in den einzelnen Technologiebereichen je nach Herkunft unterschiedlich ausfallen. So ist zu beobachten, dass einige Regionen der Welt im Vergleich zu anderen stärker auf bestimmte Bereiche fokussiert sind. Dabei zeigt sich, dass sich der hohe Anteil der Patentanmeldungen bei Einwohnern von Israelël und den Vereinigten Staaten von Amerika eher auf die Bereiche Computer- und Medizintechnik bezieht. Während die Anmeldungen von Einwohnern Belgiens, Indiens und der Schweiz eher auf den Bereich der organischen Feinchemie konzentriert sind. In Lateinamerika, insbesondere in Brasilien, sind die Anmeldungen eher im Bereich der Grundchemikalien angesiedelt. In China und Russland sind die Anmelder eher im Bereich der metallurgischen Technologien zu finden. In Ländern wie Japan, Singapur und der Republik Korea beziehen sich die Anmeldungen der Einwohner eher auf den Bereich der Halbleitertechnologie, während die Einwohner europäischer Länder wie Frankreich, Deutschland und Schweden vor allem Anmeldungen im Bereich der Transporttechnologie einreichen.

I. Invention versus Innovation

I-1. Was ist Innovation

Das Wort "Innovation" leitet sich vom lateinischen Wort "*innovare*" ab, das "erneuern" bedeutet. Im Wesentlichen hat das Wort seine Bedeutung bis heute beibehalten. Innovation bedeutet also, etwas zu verbessern oder zu ersetzen, z.B. einen Prozess, ein Produkt oder eine Dienstleistung. Schematisch wird unter Innovation die Entwicklung einer neuen Idee und deren Umsetzung in die Praxis verstanden. In diesem Kapitel geht es darum, Chemikern, die in einem von Marktzwängen bestimmten Geschäftsumfeld tätig werden wollen, das nötige Rüstzeug an die Hand zu geben.

Das würde bedeuten, dass ein Chemiker, der ein Unternehmen gründen will, verstehen muss, dass sein Unternehmen durch Innovation versuchen muss, dem Markt ein neues Produkt von unvergleichlichem Wert zu liefern, das ein bestimmtes Problem löst oder eine effektivere Wirkung erzielt.

Beispiel rund um die Innovation in der Chemie :

Die Biopiles

Die Entwicklung einer Biobatterie, die so effizient wie eine Platin-Brennstoffzelle ist, durch Chemiker der Universität Joseph Fourrier führte zu einem Patent, das beim EPA unter der Nummer "EP2375481B1" registriert wurde. Die Innovation rund um diese Biobatterie ermöglicht es, eine Alternative zu Brennstoffzellen anzubieten, die seltene und teure Metalle wie Platin benötigen.

Computergestützte Entwicklung neuer Moleküle

"In der pharmazeutischen Industrie ist ein Arzneimittel beispielsweise ein optimiertes Molekül, das eine komplexe Spezifikation mit schweren technischen und regulatorischen Einschränkungen erfüllt: Eine gute therapeutische Wirksamkeit (bevorzugte Wechselwirkung mit einem biologischen Ziel), minimale Nebenwirkungen (keine oder nur geringe Wechselwirkungen mit anderen Zielen), optimale Löslichkeit und Bioverfügbarkeit (das Molekül erreicht sein biologisches Ziel im Körper effektiv), minimierte Toxizität (gutes Nutzen-Risiko-Verhältnis), akzeptable Synthesekosten, solider industrieller Schutz (Originalität und Neuartigkeit des Moleküls), usw.

Um diese Anforderungen zu erfüllen, dauert die Entwicklung eines neuen Medikaments von der ersten Synthese im Labor bis zur Markteinführung heute etwa zehn Jahre, und die Kosten können bis zu einer Milliarde Euro betragen. Für ein vermarktetes Molekül werden in den verschiedenen Forschungs- und Entwicklungsphasen Zehntausende von Bewertungen vorgenommen worden sein.

Um innovative Moleküle zu finden, hat sich die Chemie lange Zeit auf den Zufall oder die Analogie zur Natur verlassen.

So wurde Penicillin (Antibiotikum) durch Zufall identifiziert, weil es Bakterienkolonien in einer Petrischale abtötete. Saccharin (ein synthetischer Süßstoff) wurde von einem Chemiker "geschmeckt", der es synthetisierte, als er eine mit Saccharin versetzte Zigarette an seine Lippen hielt. Oder Aspirin wurde aus dem Extrakt der Weide identifiziert, einem Baum, von dem man wusste, dass er gegen Fieber hilft.

Die mit der Innovation verbundenen wirtschaftlichen Herausforderungen lassen es jedoch nicht mehr zu, sich ausschließlich auf den Zufall oder die Intuition zu verlassen. Die Wahrscheinlichkeit, das richtige Molekül auf Anhieb zu finden, sinkt mit steigenden Anforderungen an die Markteinführung.

Diese Herausforderungen haben die chemische Industrie dazu veranlasst, den Innovationsprozess zu rationalisieren und dabei zu berücksichtigen, dass komplexe chemische Phänomene oft noch immer auf empirischem Wege angegangen werden. Das Geheimnis eines effizienten Innovationsprozesses in der Chemie liegt also darin, dass der Kreislauf zwischen der Synthese neuer Moleküle, der Erprobung der Eigenschaften dieser Moleküle und der Modellierung reibungslos funktioniert.

Diese Methode ermöglicht es, im Laufe des Experiments Beziehungen zwischen der chemischen Struktur der Moleküle und den gewünschten Eigenschaften zu erkennen. Diese Modelle ermöglichen es, nach und nach das "Phantombild" des optimalen Moleküls zu erstellen und die neuen Synthesen zu steuern. Auf menschlicher Ebene erfordert dies eine enge Beziehung zwischen multidisziplinären Teams, in denen jeder Akteur hochspezialisierte Techniken beherrscht: Chemiker, Physiker, Biologen, Informatiker etc.

*Der Erfolg hängt auch von einer Beschleunigung dieses Innovationsprozesses ab. Die industrielle Chemie nutzt heute verschiedene Technologien wie die Hochdurchsatzsynthese, bei der die Moleküle nicht mehr einzeln, sondern mit Hilfe von Robotern zu 100 (oder mehr) synthetisiert werden, oder miniaturisierte Hochdurchsatztests (*HTS: high throughput screening), *mit denen die Eigenschaften einer großen Anzahl von Molekülen schnell bewertet werden können. Schließlich ist es die effiziente Informationsgewinnung und -nutzung, die in diesem und vielen anderen Bereichen den Schlüssel zum Erfolg darstellt.*

Die Diversifizierung der Dienstleistungen des Unternehmens Ford

"In den 1960er Jahren, dem ersten Teil des Zeitalters der Massenproduktion, war die Automobilindustrie durch eine starke Standardisierung gekennzeichnet. Das Symbol dieser Ära ist der berühmte Ausspruch des Industriellen Henry Ford: "Sie können jede Farbe wählen, solange es schwarz ist". Heutzutage ist das individuell gestaltete Auto zur Norm geworden, und der Verbraucher hat eine große Auswahl an Optionen (Farben, Ausstattungen, Ausstattungen wie GPS, CD-Wechsler und andere). All diese "Extras" sind das Ergebnis von Innovationen".

Innovation wird im Allgemeinen auf ein Produkt oder einen Prozess angewandt, diese Definition wird durch die folgenden Aussagen untermauert:

"Eine Innovation ist der erste wirtschaftliche Erfolg, der mit einem Produkt, einem Verfahren oder einer Dienstleistung in Verbindung gebracht werden kann" Fraunhofer, Technologie-Entwicklungsgruppe

"Innovation ist die Umsetzung einer Idee in ein verkaufbares Produkt oder eine verkaufbare Dienstleistung, ein neues Herstellungs- oder Vertriebsverfahren oder eine neue Dienstleistungsmethode" OECD, Frascati-Handbuch. "*Innovation ist weder eine Wissenschaft [noch] eine Technologie [noch] eine Erfindung, sondern die Anwendung von Wissen, das durch Lernen, Forschung oder Erfahrung erworben werden kann*" Padmashree Gehl Sampath.

Es gibt also mehrere Arten von Innovationen, von denen die meisten auf kommerziellen Innovationen basieren:

- **Angebotsinnovation,** bei der neue Produkte oder Dienstleistungen geschaffen werden.

Ein Beispiel ist NOVATIS, die ein Ernährungsprodukt für Menschen mit Niereninsuffizienz entwickelt hat (ZA200006253B).

- **Plattforminnovation,** bei der eine Reihe von gemeinsamen Elementen verwendet wird, um ein Produktangebot zu diversifizieren. Ein gutes Beispiel ist die Firma UPSA, die den gleichen Wirkstoff Paracetamol (Acetaminophen) verwendet, um eine ganze Reihe von Premium-Medikamenten unter dem Markennamen "Efferalgan" herzustellen.
- Ein Beispiel hierfür ist der Hersteller von chemisch-analytischen Geräten SHIMADZU, der eine Lösung entwickelt hat, die Computer und Gaschromatographie kombiniert, um Chemikern bei der Probenanalyse zu helfen.

- **Kundeninnovation,** bei **der** Produkte oder Dienstleistungen für neue Kundensegmente angeboten werden - ein Chemieunternehmen könnte beispielsweise Rentnern eine Ausbildung in seinem Fachgebiet anbieten.

Es gibt verschiedene Rahmenbedingungen, um Innovationen und Wirtschaftswachstum zu fördern:

J ein kräftiger Wettbewerb und Märkte, die dafür offen sind;

J eine starke und nachhaltige Infrastruktur für Grundlagenforschung und Entwicklung;

J zuverlässige Strategien und Mechanismen zur Förderung der Schnittstelle zwischen Wissenschaft und Innovation;

J wirksame und transparente Regulierungssysteme;

J eine hohe Priorität auf allen Bildungsebenen. (OECD-Bericht, S. 17)

a) Formen der Innovationsstrategie

- Technologiegetriebene Innovation (Technology Push)

Bei der technologiegetriebenen Innovation, auch Science Push oder Tecnology Push genannt, geht es darum, technologische Fortschritte zu entwickeln, um sie auf dem Markt zu vermarkten. In diesem Fall geht es darum, ein neues Produkt oder eine neue Dienstleistung mit einem hohen technologischen Mehrwert zu entwickeln. In diesem Rahmen fördert das Unternehmen Forschung und Entwicklung (FuE), damit es zu erfolgreichen Innovationen kommen kann. Das Unternehmen muss nicht zwangsläufig eine kostenintensive Forschung finanzieren, um neue Technologien hervorzubringen. In diesem Fall spricht man von radikaler Innovation.

Ein Beispiel hierfür ist Apple mit der Entwicklung des iPads. Es ist zu sehen, dass dieses Tablet nicht unbedingt den Bedürfnissen der Kunden entsprach, aber dennoch einen technologischen Fortschritt darstellte.

- Marktgetriebene Innovation (Market Pull)

Im Englischen "*Market pull*", also marktgetriebene Innovation, hat ihren Ursprung bei den Nutzern, da das Unternehmen diese in seine Vorgehensweise einbezieht.
Im Gegensatz zur Push-Technologie ermöglicht diese Strategie dem Unternehmen Produktinnovationen, indem es sich von der Nachfrage und den Bedürfnissen der Verbraucher inspirieren lässt. Der Ausgangspunkt ist also die Marktanalyse. Hierbei achtet das Unternehmen darauf, gute Beziehungen zu seinen Kunden aufzubauen und vor allem deren Verhalten zu beobachten, um ihre manchmal unerwarteten Bedürfnisse zu erkennen. Im Allgemeinen geht es um die Schaffung von Mehrwert durch inkrementelle Innovation. Dies ist eine der Strategien der großen Konzerne wie Samsung, Visteon oder Caterpillar.

- *Need Seeker*

Sie ähnelt der *Market-Pull-Strategie* insofern, als sie sich auf der Seite des Marktes positioniert. Der Hauptunterschied besteht darin, dass im Gegensatz zur *Market-Pull-Strategie,* die ihre Innovationen auf die Bedürfnisse und Erwartungen der Nutzer stützt, die *Need-Seeker-Strategie* eher auf die Antizipation zukünftiger Bedürfnisse und Nutzungen setzt, die von den Nutzern noch nicht geäußert wurden. Auf diese Weise ist das Unternehmen der erste Anbieter auf einem Markt, der noch nicht von anderen erschlossen wurde. Als Beispiel sei hier mein Produkt des Unternehmens **Tesla genannt,** insbesondere das Elektroauto. Hier hat es der Gründer Elon Musk verstanden, ein von den Nutzern nicht erkanntes Bedürfnis zu schaffen, nämlich Energie zu sparen. Der Vorteil dieser Strategieform ist, dass sie bahnbrechende Innovationen hervorbringt, die auf der Nutzung und den funktionalen Qualitäten der Produkte basieren.

b) Radikale, progressive, kontinuierliche und bahnbrechende Innovation

- Radikale Innovation

Radikale Innovation ist eine Erfindung, die ein bestehendes Wirtschaftsmodell zerstört oder verdrängt. Es ist eine Art von Innovation, die die Macht der Technologie mit einem neuen Geschäftsmodell verbindet. *Beispiel*: Penicillin, Fernsehen und das Internet.

- Progressive Innovation

Die progressive oder inkrementelle Innovation ist eine Art von Innovation, die, wie ihr Name schon sagt, schrittweise erfolgt. Sie zielt nicht darauf ab, die Funktionsweise des Produkts oder der Dienstleistung grundlegend zu verändern, und soll in der Regel nicht die vorherrschende Technologie ersetzen. Beispiel: Verschiedene Formen von Polymeren.

- Kontinuitätsinnovation

Diese Art von Innovation bezieht sich auf die Veränderung eines Produkts, die für den Verbraucher nur geringe Änderungen mit sich bringt. Beispiel: 1000-MHz-NMR-Gerät vs. 800-MHz-NMR-Gerät, oder MS "Windows 10" vs. MS "Windows 8".

- **Innovation von riptire**

Sie entspricht einem radikal neuen Produkt oder einer neuen Dienstleistung, die auf einem neuen Markt eingeführt wird. Sie ist so neu, dass sie ein neues Geschäftsmodell für das Unternehmen, das sie entwickelt, erfordert. Beispiel: Sauerstoffbars.

I-2 Unterschied zwischen Invention und Innovation.

Da die Definition des Patents bereits in den vorangegangenen Teilen dieses Buches diskutiert wurde, wollen wir nun weitere Details besprechen. Im Allgemeinen verwenden viele Menschen den Begriff "***Erfindung***" fälschlicherweise als Synonym für "***Innovation***". Abgesehen davon, dass dies nicht korrekt ist, müssen auch andere Aspekte beachtet werden.

Laut dem Cambridge Dictionary wird eine Erfindung definiert als "*etwas, das noch nie zuvor gemacht wurde, oder der Prozess der Schaffung von etwas, das noch nie zuvor gemacht wurde*". Das bedeutet, dass eine Erfindung etwas völlig Neues sein muss, etwas, das noch nie zuvor gemacht wurde. Etwas zu erfinden bedeutet also, etwas Neues zu entdecken.

Im Gegensatz dazu bedeutet Innovation, "*eine neue Idee oder eine neue Methode zu verwenden*". Innovation bedeutet, etwas Neues auf den Markt zu bringen, bestehende Erfindungen zu manipulieren und sie in ein Produkt oder Verfahren umzuwandeln, das in der realen Welt verwendet werden kann.

Es ist nicht leicht zu erkennen, wie schwierig es sein kann, zwischen diesen beiden Begriffen zu unterscheiden. Schließlich ist "neu" das Schlüsselwort für Innovation und Erfindung. Der wesentliche Unterschied besteht jedoch darin, dass Erfinder etwas völlig Neues schaffen. Das kann zum Beispiel eine technische Idee oder ein wissenschaftliches Verfahren sein.

Die Idee besteht nicht nur darin, etwas zu erfinden, sondern der Chemiker muss auch die Wirksamkeit seiner Erfindung beweisen. Er muss also nicht nur eine neue Idee vorschlagen - er muss auch zeigen, dass seine Erfindung erfolgreich sein kann.

Es ist wichtig zu wissen, dass es für den innovativen Chemiker nicht notwendig ist, dass er etwas Neues vorschlägt. Stattdessen kann er im Bereich dessen operieren, was bereits existiert und dessen Zugang für seine Arbeit leicht verfügbar ist. Wichtig zu wissen ist, dass Innovatoren Prozesse oder Plattformen nutzen, die bereits erfunden wurden, um ein kommerziell erfolgreiches Produkt oder einen Prozess zu schaffen, der ein Marktbedürfnis befriedigt und die Kunden dazu bringt, Schlange zu stehen. Als Beispiel für die Innovationen rund um die Salicylsäure sei hier der Schweizer Arzt Marcellus Nencki genannt, der versuchte, die antibakteriellen Eigenschaften dieses Moleküls zu verbessern, indem er es mit Phenol (1880) zu Salol reagieren ließ. Hier zeigt sich, dass der Arzt die Salicylsäure, die bereits für bestimmte Eigenschaften bekannt war, zur Verbesserung der Wirkung einsetzte.

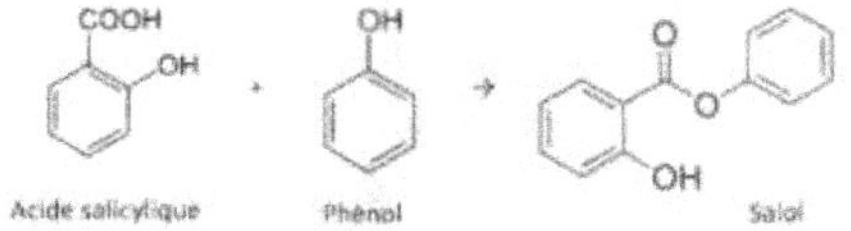

Ein Produkt oder Verfahren ist erfinderisch, wenn es noch nie zuvor realisiert wurde - sein innovativer Charakter hängt von der Fähigkeit der Nutzer ab, einen wirklichen Wert daraus zu ziehen.

Wenn wir an Erfindungen und Innovationen in einem realen Kontext denken, können wir einen Trend beobachten. Große Innovationen wurden nicht notwendigerweise von denjenigen gemacht, die die Idee zuerst hatten. Stattdessen werden sie dem Innovator zugeschrieben, dem es gelungen ist, die Idee in ein lebensfähiges Produkt umzusetzen.

Als Beispiel sei hier das Molekül Ddt genannt. **DDT** (oder Dichlordiphenyltrichlorethan oder *Bis p-Chlorophenyl-2,2trichloro-1,1,1-ethan* oder *L,l,l-Trichloro-2,2-bis(p-Chlorophenyl)ethan*) ist eine Chemikalie (Organochlor), die 1874 von Othmar Zeidler, einem Chemiestudenten an der Universität Straßburg, synthetisiert wurde. In der Zeit seiner Synthese war das Molekül noch völlig uninteressant. Erst 1939 entdeckte Paul Hermann Muller seine insektiziden und akariziden Eigenschaften und die Firma Geigy, bei der er angestellt war, meldete ein Patent auf diese Entdeckung an. Es sei daran erinnert, dass diese Innovation, die eine Erfindung sein soll, dem Professor 1948 den Nobelpreis für Physiologie oder Medizin einbrachte. Obwohl das Molekül heute als POP (persistent organic pollutant) gilt, hat es zeitweise die Bekämpfung von Malaria ermöglicht.

Ein weiteres Beispiel ist der Telegraph, "eine der großen Innovationen des 19. Jahrhunderts. Der erste Telegraph wurde 1809 in Bayern erfunden, aber Samuel Morse, der auch den Morsecode entwickelte, war die erste Person, die ein kommerziell erfolgreiches telegrafisches Kommunikationssystem baute. Morses Telegraph war erschwinglich, effizient und konnte weiter gehen als die ähnlichen Bemühungen, die Sir William Cooke und Charles Wheatstone zur gleichen Zeit in London unternommen hatten. Wen interessierte es, dass es anfangs nicht seine Idee war? Morse sicher nicht - er gründete die Magnetic Telegraph Company und startete die erste kommerzielle Telegrafenleitung in den USA. Mit ihrer hohen Geschwindigkeit revolutionierte diese Innovation das Gesicht der Kommunikation. Morse erfand nicht den ersten Telegraphen, aber er entwickelte und verbesserte den Prozess, brachte den ersten kommerziellen Telegraphen auf den Markt und veränderte die Kommunikationslandschaft zu Beginn des 19.

Hier gibt es eine wertvolle Lektion zu lernen. Eine originelle Erfindung wird Sie nicht sehr weit bringen, wenn sie nicht innovativ genug ist. Wenn es einer Erfindung an echtem Wert für den Nutzer mangelt, wird sie von einer Innovation überholt, die es schafft, ein Bedürfnis zu befriedigen.

Ein weiteres Wort, das mit den Begriffen "Innovation" und "Erfindung" in einem Atemzug genannt wird, ist das Wort "kreativ". Der Begriff "kreativ" bezieht sich auf die Fähigkeit, auf innovative Weise zu denken und zu handeln. Nun erfordert eine Erfindung insofern Kreativität, als sie von der Fähigkeit des Erfinders abhängt, eine Vision von dem zu entwickeln, was er glaubt, konstruieren zu können, und etwas geschehen zu lassen, was noch nie zuvor jemand anderes getan hat. Natürlich ist die kreative Vision des Erfinders durch den Rahmen der Wirklichkeit eingeschränkt. Sie wollen verstehen, wie man etwas auf eine neue Art und Weise tun kann, indem man innerhalb der Grenzen dessen arbeitet, was mit Hilfe der Wissenschaft möglich ist.

Innovatoren hingegen nehmen eine Erfindung und verwenden sie, um eine Vision eines Prozesses oder eines Produkts zu schaffen, das seinen Benutzern so nützlich sein wird, dass sie bereitwillig dafür bezahlen. Sie fragen: Was muss man tun, um ein Produkt zu verbessern? Was ist das fehlende Puzzleteil, das das Produkt zu einer unschätzbaren Ergänzung des bereits Verfügbaren macht? Innovatoren nutzen ihre Kreativität nicht, um etwas Neues anzubieten. Stattdessen nutzen sie sie, um einen kommerziellen Erfolg in Aussicht zu stellen.

Wir haben festgestellt, dass eine Erfindung darin besteht, etwas Neues und Originelles zu schaffen, während eine Innovation darin besteht, diese Neuheit in ein kommerzielles Produkt umzuwandeln. Innovation ist vielleicht das glamouröse Synonym für Erfolg in der Geschäftswelt, aber die Erfindung wird immer im Mittelpunkt stehen.

Um seine Erfindung verkaufen zu können, muss der Chemiker innovativ sein, d. h. der Chemiker, der ein Unternehmen gründen will, muss in der Lage sein, seine Idee in innovative Lösungen umzusetzen, die vermarktet werden können.

"Steve Jobs hätte mit Apple niemals den Markt komplett umkrempeln können, wenn Ted Hoff, ein Ingenieur bei Intel, 1971 nicht den ersten Mikroprozessor erfunden hätte. Hoffs Mikroprozessor, der so klein wie ein Miniaturbild war, konnte Computerprogramme ausführen, Informationen speichern und Daten in einem verwalten und ebnete so den Weg für das, was wir heute als Personal Computer bezeichnen. Nur wenige Menschen werden heutzutage Hoffs Namen kennen, aber um etwas unwiderstehliches auf dem Markt zu erschaffen, muss man eine brillante Erfindung haben, mit der man beginnen kann."

Innovative Kreativität ist der Schlüssel zum Erfolg eines Unternehmens und muss jedem tragfähigen Geschäftskonzept zugrunde liegen. Doch wenn wir die Innovatoren von heute feiern, sollten wir nicht vergessen, dass hinter jeder großen Innovation eine Erfindung steht, die alles überhaupt erst möglich gemacht hat.

Zusammenfassend lässt sich sagen, dass eine Erfindung die Schaffung einer neuen Sache beinhaltet, während Innovation mit einem Konzept der Verwendung einer Idee oder eines Verfahrens oder einer Methode verbunden ist. Obwohl dieser Unterschied allgegenwärtig ist und in vielen Fällen in

Wörterbüchern als Synonym betrachtet wird, sind die beiden Konzepte keineswegs austauschbar.

Die Beschreibung einer Erfindung ist in der Regel ein "Ding", wohingegen eine Innovation in der Regel eine Erfindung ist, die eine Veranderung des Verhaltens oder der Interaktionen bewirkt und schlie?lich ein Produkt oder einen Prozess hervorbringt. Viele Unternehmen behaupten, ein Innovationsführer zu sein, und zeigen als Beweis ein Patentportfolio. In einem gewissen Sinne, ja, sind Patente der Beweis für Erfindungen, indem sie diese Erfindung durch ein rechtliches Verfahren dokumentieren. Der Nutzen aller Erfindungen eines Unternehmens ist nicht bewiesen, daher sind Erfindungen keine Innovationen. Es ist bekannt, dass viele Patente keinen praktischen Nutzen haben oder kein Produkt der Industrie beeinflusst haben. Folglich sind solche Patente ohne jegliche Nutzung oder Anwendung keine Innovation (Walker, 2015).

Im Klartext: Eine Erfindung schafft etwas Neues, während eine Innovation etwas schafft, das sich verkaufen lässt.

11. Wie finde ich Patentinformationen?

II-1. Wie man nach Patenten sucht

Es ist verlockend zu glauben, dass alle Recherchen elektronisch durchgeführt werden können - und für die Mehrheit der modernen Patente (die nach 1975 veröffentlicht wurden) ist das im Wesentlichen auch richtig. Patentrechercheure, insbesondere Erfinder, die den gesamten Patentbereich gründlich durchsuchen müssen, um sicherzustellen, dass ihre Idee nicht bereits patentiert wurde, haben begrenztere Möglichkeiten, die elektronisch und kostenlos verfügbar sind. Amerikanische Patente aus der Zeit vor 1976 sind oft schwer zu finden, da die Patentseiten in der USPTO-Datenbank als digitale Bilder ohne Volltextsuche gespeichert wurden, was auch für Europa, Asien und andere Länder gilt. In Kamerun wird empfohlen, sich an OAPI zu wenden, um dies zu tun. Ältere Patente von außerhalb Kameruns können daher noch schwieriger zu finden sein. Nachstehend finden Sie einige grundlegende Tipps und Strategien zum Auffinden von Patenten.

Das Ziel: Recherche nach frei zugänglichen Patenten

a) Wenn Sie die Patentnummer kennen :

In vielerlei Hinsicht ist die Patentnummer der magische Schlüssel zum Patentinformationssystem. Egal wann und wo das Patent erteilt wurde, wenn Sie die Patentnummer kennen, können Sie das Volltextpatent mithilfe kostenloser Online-Tools fast immer schnell extrahieren. Auf fast allen kostenlosen Patentrecherche-Websites können Sie eine US-Patentnummer eingeben und eine PDF-Version des Patents abrufen, während andere auch Patente aus anderen Ländern der Welt abdecken.

The Lens deckt über 100 Millionen Patentdokumente aus der ganzen Welt ab. Enthält eine Suche nach Klassifikation und schnellen Zugang zu Informationen über Patentfamilien.

Freier Zugang zu Googles Patenten

Schnellsuche nach Stichwörtern für amerikanische und andere Patente. Bei älteren Patenten kann der Volltext Probleme mit der automatischen Zeichenerkennung aus Bilddateien digitalisierter Patente aufweisen.

b) Wenn Sie den Namen des Erfinders, Eigentümers oder Zessionars kennen:

Suche über **Lens** oder **Espacenet.** Mit diesen Tools können Sie Ihre Suche auf bestimmte Felder (einschließlich Zessionar, Erfinder, Eigentümer usw.) in den Metadaten des Patents beschränken, anstatt den Volltext nach beliebigen Wörtern zu durchsuchen. Dies kann schnell zu einer Liste von Patenten führen, die einem bestimmten Unternehmen gehören oder von einer bestimmten Person erfunden wurden.

Espacenet Open Access

Kostenloser Zugang zu Millionen von Patentdokumenten, die Informationen über Erfindungen und technische Entwicklungen aus der ganzen Welt enthalten.

c) Wenn Sie das Thema der Erfindung kennen :

Wenn Sie kein bestimmtes Patent im Sinn haben und einfach nur nach Patenten nach Themen oder nach der Art des zu patentierenden Produkts oder Verfahrens suchen möchten, haben Sie mehrere Möglichkeiten:

Suche nach Stichwörtern

Eine Stichwortsuche mithilfe kostenloser Patentrecherche-Tools kann Ihnen einen Eindruck davon vermitteln, was es alles gibt. Sie können diese Strategie auch verwenden, um Klassifikationscodes, Erfindernamen und andere Informationen zu ermitteln, die Sie dann für weitere Recherchen nutzen können.

Freier Zugang zu Googles Patenten

Schnellsuche nach Stichwörtern für amerikanische und andere Patente. Bei älteren Patenten kann der Volltext Probleme mit der automatischen Zeichenerkennung aus Bilddateien digitalisierter Patente aufweisen.

Suche nach Ranglisten

Dies beinhaltet eine Recherche mithilfe der kooperativen Patentklassifikation oder eines anderen Patentklassifikationssystems. Diese Systeme ordnen die Patente hierarchisch nach ihrem Zweck oder ihrer Begründung an. Wenn Sie die Klassifikation der Art des Artikels kennen, die Sie interessiert, können Sie Patente für diese Art von Artikel schnell finden, unabhängig von der im Patent verwendeten Terminologie. Dies wird oft Patente finden, die bei einer Stichwortsuche fehlen.

Internationale Patentklassifikation (IPC) oder Kooperative Patentklassifikation (CPC)

Die Patentklassifikation ist ein System, mit dem alle weltweiten Patentdokumente und andere technische Dokumente in bestimmte Technologiegruppen eingeteilt werden können, die auf einem gemeinsamen Thema basieren.

"Das IPC-System ist in hierarchischen Ebenen organisiert, von der obersten bis zur untersten. Es enthält Abschnitte, Klassen, Unterklassen und Gruppen (Hauptgruppen und Untergruppen). Jeder Abschnitt hat einen Titel und einen spezifischen Buchstabencode, wie folgt:

A: Alltägliche Lebensnotwendigkeiten

B: Verschiedene industrielle Techniken; Verkehr

C: Chemie; Metallurgie

D: Textilien; Papier

E: Feste Bauten

F: Mechanik; Beleuchtung; Heizung; Bewaffnung; Rettung

G: Physik

H: Elektrizität

Von der Sektion (höchste Hierarchieebene) bis zur Untergruppe (niedrigste Hierarchieebene) kann der Code "C21B 7/10" zum Beispiel wie folgt unterteilt werden: Abschnitt C: Chemie; Metallurgie

Klasse C21: Eisenmetallurgie

Unterklasse C21B: Herstellung von Eisen und Stahl

Hauptgruppe C21B 7/00: Hochöfen

Untergruppe C21B 7/10: Kühlung; Vorrichtungen zu diesem Zweck.

Eine Suche, die beispielsweise mit der Unterklasse C21B durchgeführt wird, zeigt alle Dateien, die in der Hauptgruppe C21B 7/00 und in den Hauptgruppen C21B 3/00, C21B 5/00 und folgende klassifiziert sind. Die Untergruppen werden dann in Untergruppen unterteilt, deren Titel je nach ihrer hierarchischen Position ein oder mehrere Punkte vorangestellt sind. Eine Untergruppe, die eine bestimmte Anzahl von Punkten enthält, stellt eine Unterteilung der Untergruppe dar, der ein Punkt weniger vorangeht und die unmittelbar über ihr steht. Im folgenden Beispiel stellen die Untergruppen C02F 1/461 und C02F 1/469 (Ebenen mit zwei Punkten) Unterteilungen der Untergruppe C02F 1/46 (Ebene mit einem Punkt) dar.

Um die entsprechenden IPC-Symbole zu finden, können Sie auf der WIPO-Website unter https://ipcpub.wipo.int/ eine Stichwortsuche in der Klassifikation durchführen.

. Wenn Sie Schlüsselwörter in das System eingeben, erhalten Sie eine Liste der IPC-Symbole, die mit den betreffenden Begriffen übereinstimmen könnten.

Es sei darauf hingewiesen, dass es noch weitere wichtige Klassifikationssysteme gibt, die von den Patentämtern verwendet werden, nämlich :

- das System der Kooperativen Patentklassifikation (CPC), das gemeinsam vom Europäischen

Patentamt (EPA) und dem Patent- und Markenamt der Vereinigten Staaten von Amerika entwickelt wurde, das auf der IPC basiert und dann in spezifische Untergruppen unterteilt wird;

- das vom Japanischen Patentamt verwendete System File Index (FI), das auf der IPC basiert und zusätzliche Unterteilungen und Klassifikationselemente ("F-terms") enthält, die dazu dienen, besondere Techniken oder Aspekte einer Erfindung zu bezeichnen" (Patentleitfaden, WIPO).

Eine spezielle Datenbank verwenden

Einige thematische Datenbanken enthalten auch Informationen zu Patenten, die sich auf das jeweilige Fachgebiet beziehen. Sie können in diesen Datenbanken nach Ihrem Thema suchen und Ihre Ergebnisse dann auf Patente beschränken. Beispielsweise können Sie mit SciFinder nach chemischen Informationen in Patenten suchen (SciFinder erfordert eine aktuelle ISU-Netzwerkkennung, um darauf zuzugreifen).

SciFindern

Enthält Informationen über Ressourcen in der Chemie, einschließlich Artikel, Patente, Protokolle, Verfahren, Strukturen und Reaktionen.

Bulletin des Büros der Afrikanischen Organisation für geistiges Eigentum

http://www.oapi.int/index.php/en/brevets,

Analog zum INPI werden in diesem Dokument unter anderem alle Anmeldungen von Marken, Mustern, Designs und geografischen Angaben sowie Patenten veröffentlicht. Das BOPI gibt es in gedruckter und digitaler Form, es informiert auch über die neuesten Erfindungen.

III. Wie man ein Erfindungspatent liest

a) Die Anatomie eines Patents

Im Großen und Ganzen besteht das typische Patent aus drei Hauptteilen:

J Ein Deckblatt mit konkreten Angaben zum Erfinder, Anmelder und anderen Einzelheiten zur Anmeldung, ihrer Veröffentlichung und ihrem Stand sowie einer Zusammenfassung der eingereichten Erfindung (diese Seite wird auch als "erste Seite" bezeichnet, und diese Art von Informationen wird oft als "bibliographische Angaben" bezeichnet).

J Spezifikationen/eine Offenbarung/eine Beschreibung, die Zeichnungen und Figuren enthalten können, die den technologischen Hintergrund der Erfindung beschreiben und erläutern, wie die Erfindung konkretisiert werden kann;

J Reklamationen

Hinweis: Was ein Patent nicht aussagt

Beachten Sie jedoch, dass es einige wichtige Dinge gibt, die Ihnen das Patent nicht sagen wird, wie z.

B. :

- Wurden die Wartungskosten bezahlt?
- Ist das Patent abgelaufen?
- Wer ist der derzeitige Patentinhaber?
- Wurde das Patent ungültig gemacht, durchgesetzt, lizenziert oder verkauft?
- Wurden nach der Erteilung dieses Patents weitere Anmeldungen (wie Fortsetzungen oder Teilanmeldungen) zu diesem Thema eingereicht?

Mit diesem Überblick im Hinterkopf wollen wir uns die einzelnen Abschnitte einer Patentanmeldung genauer ansehen und dabei ein expiriertes Patent als Referenzbeispiel verwenden.

Eine Titelseite

US005264205A

United States Patent [19]
Kelly

[11] **Patent Number:** **5,264,205**
[45] **Date of Patent:** **Nov. 23, 1993**

[54] **ORAL HYGIENE COMPOSITION**
[75] Inventor: **Mary H. Kelly, East Lyme, Conn.**
[73] Assignee: **Faris Ltd., New London, Conn.**
[21] Appl. No.: **942,755**
[22] Filed: **Sep. 9, 1992**
[51] **Int. Cl.**[5] **A61K 7/16; A61K 7/20**
[52] **U.S. Cl.** **424/53; 424/49; 424/613; 424/616**
[58] **Field of Search** 424/53, 613-616
[56] **References Cited**

U.S. PATENT DOCUMENTS

1,018,240	2/1912	Foregger	424/53
2,172,743	9/1939	Taylor	424/53
2,501,145	3/1968	Smith	424/53
3,574,824	4/1971	Echeandia et al.	424/50
3,988,433	10/1976	Benedict	424/53
4,582,701	4/1986	Piechota	424/52
4,837,008	6/1989	Rudy et al.	424/53
4,897,258	1/1990	Rudy et al.	424/53
4,971,782	11/1990	Rudy et al.	424/53
4,976,955	11/1990	Libin	424/52
4,980,154	12/1990	Gordon	424/53
4,988,560	1/1991	Hunter et al.	424/53
5,000,942	3/1991	Libin	424/53
5,084,268	1/1992	Thaler	424/53
5,122,365	6/1992	Murayama	424/49

Primary Examiner—Shep K. Rose
Attorney, Agent, or Firm—Hopgood, Calimafde, Kalil, Blaustein & Judlowe

[57] **ABSTRACT**

An oral hygiene composition in a suitably applicable form for whitening and cleaning teeth provides a non aqueous composition containing an oxygen releaser such as calcium peroxide, magnesium peroxide or potassium chlorate. The oxygen in these agents is stable in the composition until the composition meets water during actual brushing at which time the oxygen is released to effect a bleaching action removing stains from the surface of the teeth, thereby serving to whiten them. The composition may be formed with other known dental hygiene constituents providing for whitening and hygiene in one application.

11 Claims, No Drawings

Der Titel, die Zusammenfassung und manchmal auch die Zeichnungen auf der ersten Seite fassen lediglich die im Patent beschriebene Technologie und den allgemeinen Offenbarungsbereich des Patents zusammen. Sie sind nicht die Hauptquellen, um zu bestimmen, was das Patent tatsächlich abdeckt (dies wird in den Ansprüchen am Ende des Patents angegeben).

TITEL (54)

Das ist ziemlich selbsterklärend - es ist der vollständige Titel des Patents. Normalerweise wählt der Anmelder den Titel, aber manchmal schlägt das Patentamt im Laufe des Prüfungsverfahrens Änderungen vor.

ERFINDER (75)

Jede Person, die an der Entwicklung der in mindestens einem Anspruch des Patents genannten Erfindung beteiligt war, wird mit ihrem Wohnort aufgelistet.

Nach US-amerikanischem Recht gehören Patentrechte standardmäßig dem Erfinder oder den Erfindern (d. h. wenn nichts anderes vereinbart wurde). Wenn Sie also wissen wollen, wem ein Patent gehört, können Sie mit den Erfindern beginnen. In der überwiegenden Mehrheit der Fälle treten die

Erfinder ihre Rechte jedoch an ihren Arbeitgeber oder eine andere Geschäftseinheit ab.

ZESSIONAR (73)

Dies gibt an, ob das Patent zum Zeitpunkt der Erteilung des Patents durch das US-Patentamt einer anderen Person oder einer anderen Wirtschaftseinheit als den Erfindern gehörte.

Das Patent kann aber seit seiner ursprünglichen Erteilung abgetreten oder übertragen worden sein. Die aktuellsten öffentlich zugänglichen Informationen über den Zessionar des Patents finden Sie in der Übertragungsdatenbank des USPTO.

DEPOSIT (DEPOSIT DATE) (22)

Dies ist in der Regel das standardmäßige "effektive Anmeldedatum" für alle Ansprüche des Patents, d.h. das Datum, das entscheidend ist, um zu bestimmen, welcher Stand der Technik verwendet werden kann, um das Patent für ungültig zu erklären.

PATENTNUMMER (11)

DATUM DER VERÖFFENTLICHUNG (45)

VERÖFFENTLICHUNGSNUMMER FÜR DIESES PATENT (21)

CIP INTERNATIONAL (51)

US-AMERIKANISCHE KLASSIFIZIERUNG (52)

ANGABEN ZU EINEM VORHERIGEN ANTRAG, DIE EINEN VORHERIGEN PRIORITÄTSZEITPUNKT FÜR BESTIMMTE ODER ALLE REKLAMATIONEN BESTIMMEN KÖNNTEN (65) (manchmal)

SUCHFELD (58)

ZUSAMMENFASSENDE BESCHREIBUNG DER ERFINDUNG (17)

SCHWERPUNKTINFORMATIONEN

Manchmal "beansprucht" eine Patentanmeldung den Vorrang vor einer oder mehreren vorhergehenden Patentanmeldungen. Die ältere Patentanmeldung wird in der Regel als "prioritäre Anmeldung" bezeichnet.

Beispiele für potenzielle "prioritäre Anwendungen" sind :

Eine vorläufige Anwendung

Eine fremde Kandidatur

Eine PCT-Anmeldung

Eine in den USA eingereichte nicht vorläufige Voranmeldung

Daher zeigt Ihnen dieser Abschnitt die früheren Daten, die als "tatsächlicher Anmeldetag" des Patents angesehen werden könnten.

Allerdings wird ein Patent manchmal eine Prioritätsanmeldung auflisten, die die beanspruchte Erfindung nicht ausreichend beschreibt. Ansprüche, die in einer prioritären Anmeldung nicht ausreichend beschrieben sind, profitieren nicht von dem tatsächlichen Anmeldetag der prioritären Anmeldung. In diesen Fällen wäre das tatsächliche Anmeldedatum der Ansprüche standardmäßig das oben angegebene "Anmeldedatum". Beispiel:

(19) Europäisches Patentamt
European Patent Office
Office européen des brevets

(11) EP 1 424 059 B1

(12) FASCICULE DE BREVET EUROPEEN

(45) Date de publication et mention de la délivrance du brevet:
07.06.2006 Bulletin 2006/23

(51) Int Cl.:
A61Q 1/00 A61K 8/92

(21) Numéro de dépôt: 03292110.8

(22) Date de dépôt: 27.08.2003

(54) Composition cosmétique comprenant une cire collante
Kosmetische Zusammensetzung die ein klebriges Wachs enthält
Cosmetic composition comprising a tacky wax

(84) Etats contractants désignés:
AT BE BG CH CY CZ DE DK EE ES FI FR GB GR HU IE IT LI LU MC NL PT RO SE SI SK TR

(30) Priorité: 06.09.2002 FR 0211096
06.09.2002 FR 0211104
06.09.2002 FR 0211097
30.09.2002 FR 0212097
30.09.2002 FR 0212098

(43) Date de publication de la demande:
02.06.2004 Bulletin 2004/23

(73) Titulaire: L'OREAL
75008 Paris (FR)

(72) Inventeurs:
- de la Poterie, Valérie
77820 Le Chatelet en Brie (FR)
- Daubige, Thérèse
77480 Mousseaux les Bray (FR)
- Styczen, Patrice
91190 Gif-sur-Yvette (FR)

(74) Mandataire: Kromer, Christophe
L'OREAL - D.I.P.I.
25-29 Quai Aulagnier
92600 Asnières (FR)

(56) Documents cités:
EP-A- 0 987 002
EP-A- 1 201 222
DE-A- 19 751 221
US-A- 5 783 176
- DONATAS SATAS: "Handbook of Pressure Sensitive Adhesive Technology" 1989, SATAS & ASSOCIATES , WARWICK, US * page 36 - page 47 *

Remarques:
Le dossier contient des informations techniques présentées postérieurement au dépôt de la demande et ne figurent pas dans le présent fascicule.

ZITIERTE REFERENZEN: ÄLTERE KUNST

(FRÜHERE US-PATENTE UND ANDERE FRÜHERE VERÖFFENTLICHUNGEN, DIE VOM PATENTPRÜFER ALS RELEVANT ANGESEHEN WERDEN) (56)

Es handelt sich um eine Liste von Referenzen, die vom Patentamt während des Prüfungsverfahrens berücksichtigt wurden. Mit anderen Worten: Der Prüfer kam zu dem Schluss, dass die Patentansprüche in Bezug auf den in diesen Referenzen beschriebenen Stand der Technik patentierbar sind.

Es wird für einen Dritten sehr schwierig sein, einen der in diesem Abschnitt aufgezählten Verweise zu verwenden, um die Gültigkeit des Patents anzufechten (z. B. in einem IPR-Verfahren), da davon ausgegangen wird, dass das Patentamt seine Arbeit bei der Erstprüfung des Patents korrekt gemacht hat.

Folglich möchten Sie als Patentinhaber, dass der nächstliegende Stand der Technik hier zitiert wird, um die stärkste Vermutung der Rechtsgültigkeit zu Ihren Gunsten zu haben.

[56] References Cited

[56] **References Cited**

U.S. PATENT DOCUMENTS

1,018,240	2/1912	Foregger	424/53
2,172,743	9/1939	Taylor	424/53
2,501,145	3/1968	Smith	424/53
3,574,824	4/1971	Echeandia et al.	424/50
3,988,433	10/1976	Benedict	424/53
4,582,701	4/1986	Piechota	424/52
4,837,008	6/1989	Rudy et al.	424/53
4,897,258	1/1990	Rudy et al.	424/53
4,971,782	11/1990	Rudy et al.	424/53
4,976,955	11/1990	Libin	424/53

U.S. PATENTDOKUMENTE

ABREGE

Auch das ist ziemlich selbsterklärend - dies ist eine kurze Zusammenfassung der Erfindung in allgemeiner Form. Die Zusammenfassung sollte aus 150 Wörtern oder weniger bestehen und wird oft auf der Grundlage der Ansprüche verfasst, die ursprünglich in der Anmeldung eingereicht wurden, die zum erteilten Patent führte.

[57] **ABSTRACT**

An oral hygiene composition in a suitably applicable form for whitening and cleaning teeth provides a non aqueous composition containing an oxygen releaser such as calcium peroxide, magnesium peroxide or potassium chlorate. The oxygen in these agents is stable in the composition until the composition meets water during actual brushing at which time the oxygen is released to effect a bleaching action removing stains from the surface of the teeth, thereby serving to whiten them. The composition may be formed with other known dental hygiene constituents providing for whitening and hygiene in one application.

REPRÄSENTATIVE ZEICHNUNG

Der Prüfer wählt eine repräsentative Zeichnung Ihrer Erfindung aus, die unten auf der ersten Seite oder am Ende des Dokuments eingefügt wird.

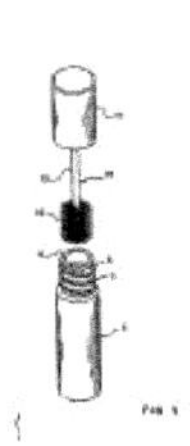

SPEZIFIKATIONEN

Einfach gesagt, bezieht sich die Beschreibung auf den schriftlichen Teil des Patents, mit Ausnahme der ersten Seite und der Zeichnungen (nach amerikanischem Recht sind die Ansprüche technisch gesehen Teil der Spezifikation, aber wir behandeln sie in diesem Artikel wegen ihrer Bedeutung getrennt).

Die Beschreibung liefert den relevantesten Kontext, um die Ansprüche im letzten Abschnitt des Patents zu interpretieren. Wenn die Beschreibung zum Beispiel eine Definition für einen Begriff in den Ansprüchen enthält, dann werden die Ansprüche unter Verwendung dieser Definition interpretiert. Grundsätzlich wird die gesamte Terminologie in den Ansprüchen in einer Weise interpretiert, die mit der in der Beschreibung verwendeten Terminologie übereinstimmt. Wie Patentanwälte gerne sagen: "Der Patentinhaber ist sein eigener Lexikograph".

KONTEXT

Der Hintergrund beschreibt kurz den allgemeinen Kontext der Erfindung. Alles, was im Hintergrundteil steht, kann vom Prüfer potentiell als "zulässiger Stand der Technik" angesehen werden, so dass der Hintergrundteil oft sehr wenig über die eigentliche Erfindung aussagt, die patentiert wird.

AUSFÜHRLICHE BESCHREIBUNG

Die ausführliche Beschreibung (und in einigen Fällen auch der zusammenfassende Abschnitt) sind die wichtigste technische Offenbarung des Patents.

In diesem Abschnitt wird die befähigende Offenbarung der Erfindung in schriftlicher Form angegeben - d. h. die Erfindung wird in Begriffen beschrieben, die es einer Person mit gewöhnlichen Kenntnissen auf dem Gebiet ermöglichen würden, die Erfindung zu machen oder zu benutzen. Die ausführliche Beschreibung beschreibt auch die beste Art der Herstellung und Verwendung der Erfindung.

Jede Figur und jede Referenznummer der Zeichnungen soll hier genannt und benannt werden. Die

Beschreibung kann auch verschiedene Ausführungsformen der Erfindung umfassen.

Bevor Sie zu den Ansprüchen übergehen, sollten Sie sich vor Augen halten, dass das gesamte erteilte Patent als Vorverfahrenskunst gegen später eingereichte Patentanmeldungen verwendet werden kann. Grundsätzlich gilt: Wenn Sie ein Patent prüfen, um festzustellen, ob Ihre eigene Erfindung patentierbar ist, wird der für Ihre Analyse relevanteste Abschnitt in der Regel die ausführliche Beschreibung des Patents sein.

REKLAMATIONEN

Der wichtigste Teil des Dokuments, die Patentansprüche, nennen und definieren den Umfang der ausschließlichen Rechte des Patents. Mit anderen Worten, sie beschreiben, was das Patent abdeckt oder nicht abdeckt. Jedes Element des Anspruchs muss in den Zeichnungen dargestellt und in der ausführlichen Beschreibung beschrieben werden.

"Die Patentansprüche sind ein technischer Teil der Patentanmeldung. Sie definieren das Erzeugnis oder Verfahren, das Gegenstand des durch das Patent gewährten Schutzes ist. Man unterscheidet zwischen Hauptansprüchen (oder unabhängigen Ansprüchen), die die allgemeinste Definition des beanspruchten Erzeugnisses oder Verfahrens enthalten, und Nebenansprüchen (oder abhängigen Ansprüchen), die die in einem Hauptanspruch enthaltene Definition durch zusätzliche Einzelheiten ergänzen". Siehe Beispiel

	Unabhängige Forderungen	**Abhängige Forderungen**
Portee	Weitestgehende Patentansprüche	Reduziert den Umfang eines vorherigen eigenständigen Anspruchs weiter
Identifikation von Funktionalitäten	Beginnen Sie in der Regel mit dem Wort "A" (wie "Ein System ..." oder "Eine	Beziehen Sie sich immer explizit auf eine andere
	Methode..."). Beziehen Sie sich nicht auf eine andere Behauptung.	Anspruch (wie "das Verfahren des Anspruchs 3.").
Sollte es verwendet werden, um festzustellen, ob ein Produkt oder ein Verfahren das Patent verletzt?	Ja	Nein. Zumindest nicht hauptsächlich.
Warum?	Wenn das Produkt auch nur einen der unabhängigen Ansprüche verletzt, dann verletzt das Produkt das Patent. Wenn das Produkt NICHT gegen einen der unabhängigen Ansprüche verstößt, verletzt das Produkt das Patent nicht.	Abhängige Ansprüche sind immer enger als der Anspruch, von dem sie abhängen, was bedeutet, dass ein Produkt NICHT gegen einen abhängigen Anspruch verstoßen kann, es sei denn, das Produkt verstößt auch gegen den Anspruch, von dem es abhängt. Aber abhängige Ansprüche sind nützlich, um die unabhängigen Ansprüche zu

		interpretieren, also ignorieren Sie sie nicht.

Anwendungsübung: Finden Sie dieses Patent und identifizieren Sie die verschiedenen Teile.

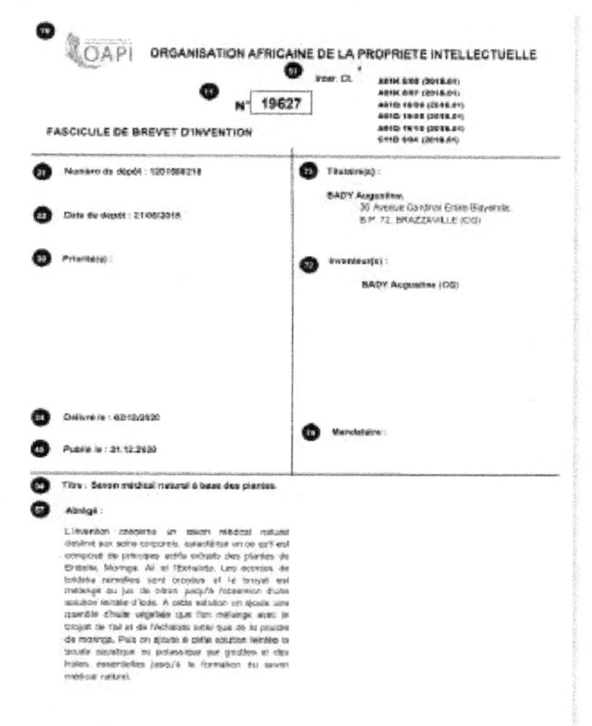

OAPI ORGANISATION AFRICAINE DE LA PROPRIETE INTELLECTUELLE

N° 19627

FASCICULE DE BREVET D'INVENTION

Titulaire(s) :

BADY Augustine,

B.P. 72, BRAZZAVILLE (CG)

Inventeur(s) :

BADY Augustine (CG)

Mandataire :

Titre : Savon médical naturel à base des plantes.

Abrégé :

Die Erfindung betrifft eine medizinische Naturseife zur Körperpflege, dadurch gekennzeichnet, dass sie aus Wirkstoffen besteht, die aus Bridelia-Pflanzen extrahiert wurden. Monnga, Knoblauch und CEchalotte. Die aufgeweichten Bridelia-Zellen werden gemahlen und das Mahlgut mit Zitronensaft vermischt, bis eine jodgefärbte Lösung entsteht. Zu dieser Lösung wird eine Menge Pflanzenöl hinzugefügt, das mit den gemahlenen Knoblauch- und Fdchalottenblättern sowie Moringapulver vermischt wird. Dann wird die gefärbte Lösung mit Natron- oder Kalilauge in Tropfenform und ätherischen Ölen versetzt, bis die natürliche medizinische Seife entsteht.

b) Wie man eine Patentanmeldung in vier Schritten liest

" ***Tipp 1: Unterscheiden Sie zwischen Patenten und Patentanmeldungen***

Wenn ein Anmelder eine Patentanmeldung einreicht, enthält die Anmeldung eine Version des Patents, die der Anmelder vom Patentprüfer prüfen und bewerten lassen möchte. Sobald diese Version des Patents eingereicht ist, wird sie in der Regel für einen Zeitraum von 18 Monaten vertraulich behandelt. Nach Ablauf der 18 Monate wird diese Fassung als "Patentanmeldung" mit einer Identifikationsnummer veröffentlicht, und (in vielen Ländern) folgt auf die Identifikationsnummer der Buchstabe "A". Nachdem der Prufer die Patentanmeldung bewertet und sichergestellt hat, dass sie den lokalen gesetzlichen Anforderungen entspricht (und der Anmelder sich um die verschiedenen administrativen Anforderungen gekuemmert hat), wird die Patentanmeldung erteilt/ausgestellt und als 'erteiltes Patent', 'erteiltes Patent', ? ', oder inoffiziell als 'Patent' bezeichnet. In einigen Ländern hat das erteilte Patent die gleiche Nummer wie die Patentanmeldung, aber mit dem Buchstaben "B" oder eventuell "C" hinter der Nummer. In anderen Ländern (insbesondere in den USA und Japan) wird das erteilte Patent unter einer anderen Nummer als die Patentanmeldung veröffentlicht. Der entscheidende Punkt ist, dass die Patentanmeldung die erste öffentliche Bekanntmachung wissenschaftlicher Entdeckungen ist.

1.1. Anmeldungen nach dem Vertrag über das Patentübereinkommen (PCT)

Patente sind gerichtsspezifisch (d. h. ein erteiltes Patent schützt eine Erfindung nur in dem Land, das das Patent erteilt/ausgestellt hat). Wenn ein Anmelder in mehreren Ländern Patentschutz erlangen möchte, kann er (innerhalb einer bestimmten Frist) Kopien seiner Version des Patents an Patentämter auf der ganzen Welt schicken. Um den Verwaltungsaufwand zu verringern, kann der Anmelder alternativ auch eine einzige "PCT-Anmeldung" einreichen. Die PCT-Anmeldung verringert den Verwaltungsaufwand des Anmelders, da die PCT-Anmeldung nach einer gewissen Zeit in mehrere einzelne ausländische Patentanmeldungen umgewandelt wird, eine in jedem Land, in dem Patentschutz angestrebt wird. Wenn eine PCT-Anmeldung eingereicht wird, ersetzt sie die oben erwähnte Patentanmeldung (d.h. die PCT-Anmeldung wird 18 Monate nachdem der Anmelder die erste Version des Patents eingereicht hat, veröffentlicht). Folglich kann die Patentanmeldung die Form einer PCT-Anmeldung annehmen.

2. Tipp 2: Nehmen Sie sich Zeit, um sich zu orientieren

Bevor Sie ein Patent oder eine Patentanmeldung lesen, ist es hilfreich, den allgemeinen Aufbau von Patenten und Patentanmeldungen zu verstehen, d. h. die Art der Informationen, die normalerweise in jedem Abschnitt des Dokuments enthalten sind. Für diejenigen, die mit dem Lesen von Patenten/Patentanmeldungen nicht vertraut sind, wird es Zeit sparen, wenn sie wissen, was die einzelnen Abschnitte bezwecken und wo die wichtigsten Informationen zu finden sind. Einige Patente und Patentanmeldungen enthalten nützliche Überschriften zu den Abschnitten, andere liefern lediglich die Informationen. Um allen rechtlichen Anforderungen zu genügen, sind die meisten Patente/Patentanmeldungen jedoch wie folgt aufgebaut:

***Titel:** Der Titel eines Patents/einer Patentanmeldung soll klar, prägnant und so genau wie möglich die allgemeine Kategorie der Erfindung (z. B. ein Produkt, ein Verfahren, eine Vorrichtung, eine Verwendung) und die Erfindung (z. B. eine identifizierte chemische Verbindung oder ein Typ eines Massenspektrometers mit identifizierten verbesserten Eigenschaften) angeben. Der Titel soll die Erfindung so genau wie möglich identifizieren. Ein erteiltes Patent kann jedoch einen anderen Titel haben als die entsprechende Patentanmeldung, und eine solche Titeländerung kann Verbesserungen als Reaktion auf die Kommentare des Patentamts widerspiegeln. Trotz des Erfordernisses der Spezifität streben einige Patentinhaber allgemeine Titel an, die für Leser, die die Art der in der Patentanmeldung/dem Patent veröffentlichten wissenschaftlichen Entdeckungen zu verstehen suchen, möglicherweise nicht sehr hilfreich sind.*

***Abstract:** Das Abstract enthält in der Regel eine kurze Zusammenfassung der Erfindung und ihrer* *wichtigen technischen Merkmale. Sie sollte auch das technische Gebiet angeben, zu dem die Erfindung gehört, und das technische Problem benennen, das mit der Erfindung gelöst werden soll.*

Kontext: *Der Kontext definiert, was zum Zeitpunkt der Patentanmeldung auf dem Gebiet der Technik bekannt war, und identifiziert allgemein das oder die besonderen Probleme, die die Erfindung zu lösen versucht.*

Zusammenfassung der Erfindung: *Dieser Abschnitt sollte die Erfindung zusammenfassen und erläutern, wie die Erfindung das/die im Hintergrund identifizierte(n) Problem(e) löst.*

Einleitung zu den Zeichnungen: Nicht alle Patente enthalten Abbildungen der Erfindung (sog. "Zeichnungen"). Wenn der Patentinhaber Zeichnungen einbezieht, enthält die Patentbeschreibung in der Regel eine Liste und eine kurze Beschreibung der einzelnen Zeichnungen.

Ausführliche Beschreibung: *Der Zweck der ausführlichen Beschreibung besteht darin, die Erfindung so detailliert zu beschreiben, dass ein Fachmann das im Patent beschriebene Verfahren anwenden und/oder das im Patent beschriebene Produkt herstellen kann. Daher wird dieser Abschnitt erfindungsgemäß Einzelheiten über die beste Methode zur Verwendung und/oder Herstellung der Erfindung enthalten und kann Informationen über die Materialien, aus denen die Erfindung gebaut werden kann, die relativen Mengen der verschiedenen Bestandteile einer Erfindung und vieles mehr enthalten. Dieser Abschnitt kann auch bestimmte Begriffe definieren, die an anderer Stelle im Patent verwendet werden.*

Beispiele*: Nicht alle Patente werden Beispiele enthalten, aber sie sind in chemischen und biologischen Patenten üblich und enthalten in der Regel ähnliche Informationen wie die Abschnitte "Methoden" und "Ergebnisse" in Artikeln wissenschaftlicher Zeitschriften. Beispielsweise können Beispiele ein Syntheseverfahren beschreiben, um an ein bestimmtes Molekül zu gelangen, und Ergebnisse, die die Synthese des Moleküls bestätigen. Im Allgemeinen sollten die Beispiele zeigen, wie das/die im Hintergrund identifizierte(n) Problem(e) vom Patentinhaber gelöst wurde(n).*

Ansprüche : *Die Ansprüche definieren genau die Erfindung, die durch das Patent geschützt wird. Der erste Anspruch wird in der Regel nur die wesentlichen Merkmale der Erfindung enthalten. Häufig gibt es zusätzliche Ansprüche, die sich auf den breiten Anspruch beziehen und als "abhängige Ansprüche" bezeichnet werden. In den abhängigen Ansprüchen kann es Nebenmerkmale geben, die den Umfang eines wesentlichen Merkmals einschränken. Zum Beispiel kann Anspruch 1 ein Ionenmobilitätsspektrometer mit verschiedenen wesentlichen Merkmalen definieren, von denen eines "ein erstes elektrisches Antriebsfeld [ist], das entlang der Länge des Ionenkanals erzeugt wird", und Anspruch 2 kann ein Nebenmerkmal zu Anspruch 1 einführen, das das elektrische Antriebsfeld in ein "statisches elektrisches Feld" begrenzt.*

Zeichnungen: Wenn das Patent Zeichnungen enthält, können diese je nach Land am Anfang oder am Ende des Dokuments erscheinen. Die Zeichnungen geben gewöhnlich die wesentlichen Merkmale der Erfindung an, indem sie Referenznummern verwenden.

3. *Tipp 3: Lesen Sie die Zusammenfassung*

Angesichts der Struktur von Patenten und bei der erstmaligen Prüfung eines Patents ist die Zusammenfassung ein guter Ausgangspunkt. Im Gegensatz zu Artikeln in wissenschaftlichen Zeitschriften, die in der Regel recht informative Titel haben, geben die Titel von Patenten oft nur wenig Aufschluss über den Inhalt des Patents. Beispielsweise trägt das australische Patent Nr. 633217 den Titel "Oral Composition" ... was relativ nutzlos ist. Die Zusammenfassung ist jedoch viel informativer und identifiziert die allgemeine chemische Zusammensetzung der oralen Zusammensetzung (Cetylpyridiniumchlorid und ein substituierter Na-(langkettiges Acyl) basischer Aminosäure-Niederalkylester oder dessen Salz) und wie eine solche Zusammensetzung nützlich sein kann (um die Adsorption von Cetylpyridiniumchlorid auf Zahnoberflächen zu fördern, um eine hervorragende Wirkung bei der Verhinderung von Zahnbelag und Karies zu zeigen).

4. Tipp 4: Gehen Sie direkt zu den Beispielen über

Wissenschaftler dürften den Abschnitt mit den Beispielen am nützlichsten finden, wenn sie versuchen, die vom Patentinhaber durchgeführten Experimente und die erzielten Ergebnisse zu verstehen. Beispiele werden in der Regel von Wissenschaftlern verfasst und beschreiben in der Regel eine bestimmte Versuchsmethode und die Ergebnisse. Einige Patente können Beispiele nur mit experimentellen Details (d. h. ohne Ergebnisse) enthalten. Dennoch können solche Beispiele für Wissenschaftler und Studenten nützlich sein, da sie Daten vorwegnehmen, die der Patentinhaber in Zukunft veröffentlichen könnte, und Ratschläge für die Gestaltung verwandter Experimente geben können.

Außerdem können Sie, wenn Sie direkt zu den Beispielen übergehen, die ausführliche Beschreibung umgehen (den Abschnitt, den Wissenschaftler normalerweise am mühsamsten finden), die normalerweise von Beratern verfasst wird, um sicherzustellen, dass der gesamte Geltungsbereich des Patents geschützt ist und den gesetzlichen Anforderungen entspricht. Beispielsweise werden im Abschnitt mit Beispielen des Patents Oral Composition [12] die genauen chemischen Zusammensetzungen von zwei Zahnpastaformulierungen, einer Mundwasserformulierung und einer Zahnseidenformulierung angegeben. Darüber hinaus werden Methoden und Ergebnisse zur Adsorption von Cetylpyridiniumchlorid an Zahnoberflächen und zur bakteriziden Aktivität von Cetylpyridiniumchlorid berichtet. Dagegen enthält die ausführliche Beschreibung lange Listen geeigneter "Acylgruppen" und "Salze", die nicht notwendigerweise in den von dem/den Patentinhaber(n) durchgeführten Experimenten verwendet wurden.

4.1. Ein Hinweis für Wissenschaftler und Studenten, die von organischen Zusammensetzungen fasziniert sind

Patente, die organische Zusammensetzungen offenlegen, enthalten unter Umständen keinen Abschnitt mit Beispielen. Stattdessen enthalten sie in der Regel Zeichnungen von Molekülen im Abschnitt mit der ausführlichen Beschreibung. Diese Zeichnungen beschreiben die Struktur der Moleküle (d.h. sie beschreiben die komplette chemische Struktur mit allen identifizierten Elementen). Häufig geschieht dies durch die Beschreibung von Molekülstrukturen mit R-Gruppen in Querverweis auf chemische

Funktionsgruppen, die im Text der Spezifikation aufgeführt sind (eine solche Darstellung des Moleküls wird als Markush-Struktur bezeichnet). Markush-Strukturen erlauben es Patentinhabern, eine breite Palette von Molekülen zu schützen. Sie können jedoch sehr komplex sein und die Erfindung für den Leser vernebeln. Leider haben die Autoren keine Hinweise, wie sie Markush-Strukturen verstehen können, außer dass sie alle moglichen Substituenten der dargestellten Strukturen sorgfaltig durchgehen. Bei einigen wissenschaftlichen Datenbanken (z.B. SciFinder Scholar) ist es möglich, nach chemischen Strukturen (oder ähnlichen chemischen Strukturen) zu suchen, um Patente zu finden, die relevant sein könnten.

5. Tipp 5: Lesen Sie die Forderungen

Es ist wichtig, die Patentansprüche zu lesen. Die Anspruche definieren die Erfindung, die durch ein Patent geschutzt wird, und der Patentinhaber hat ein gesetzliches Monopol auf diese Erfindung, wie sie beansprucht wird. Die Ansprüche sind in der Regel so abgefasst, dass sie die Erfindung (und damit das gesetzliche Monopol) auf ihre weitesten Grenzen ausdehnen, und als solche können sie eine nicht wissenschaftlich aussagekräftige Sprache verwenden, um die Merkmale der Erfindung zu beschreiben. Obwohl die Ansprüche also nicht notwendigerweise wissenschaftlich viel offenbaren, ist es wichtig, sie zu lesen und zu berücksichtigen, wenn man die Nutzung der in einem erteilten Patent offengelegten Informationen in Betracht zieht.

Da Patente auf die Gerichtsbarkeit beschränkt sind, in der sie erteilt werden, kann die gleiche Patentschrift in verschiedenen Ländern unterschiedliche Ansprüche haben. Wenn Sie ein Patent nutzen wollen, das außerhalb Ihrer Gerichtsbarkeit erteilt wurde, empfehlen wir Ihnen, zu prüfen, ob es in Ihrer Gerichtsbarkeit ein entsprechendes Patent gibt, und auch zu prüfen, ob es Nachfolgepatente gibt. Im Zweifelsfall empfehlen wir Ihnen, einen Anwalt zu konsultieren.

Während viele Länder gesetzliche Bestimmungen zum Schutz von Forschern haben, die Erfindungen nur zu Forschungszwecken nutzen, sind Forschungsfreistellungen nicht in allen Ländern verfügbar und decken möglicherweise nicht die Nutzung ab, die Sie mit der Erfindung beabsichtigen. Die Einzelheiten der Forschungsfreistellung uberschreiten den Rahmen dieses Artikels. Wenn Sie beabsichtigen, eine Erfindung zu nutzen, die in einem erteilten Patent enthalten ist, empfehlen wir Ihnen, einen Anwalt zu konsultieren.

Die Kommentare in diesem Abschnitt gelten auch für Patentanmeldungen. Nach der Erteilung einer Patentanmeldung kann der Patentinhaber unter Umständen eine Klage wegen unrechtmäßiger Vorbenutzung der Erfindung einreichen (selbst wenn das Patent zum Zeitpunkt der unrechtmäßigen Benutzung nur angemeldet war).

6. Tipp 6: Überprüfen Sie die Daten

Die meisten Patente haben eine Laufzeit von 20 Jahren ab der ersten vom Anmelder eingereichten Version des Patents. Einige pharmazeutische Patente in einigen Landern konnen sogar noch langer gultig sein. Es ist wichtig, sich rechtlich beraten zu lassen, bevor Sie die in einem Patent offengelegten Informationen während der Laufzeit des Patents verwenden.

*7. **Tipp 7: Patente unterliegen nicht der wissenschaftlichen Methode und dem** Peer-Review-Verfahren Patente unterliegen einem Prüfungsverfahren durch Patentprüfer, die beurteilen, ob eine Patentanmeldung den gesetzlichen Anforderungen für ein Patent in einem bestimmten Land entspricht. Es ist jedoch wichtig zu beachten, dass die in den Patentanmeldungen und/oder Patenten enthaltenen Daten nicht dem Peer-Review-Verfahren und den wissenschaftlichen Methoden unterzogen werden. Die Validität wissenschaftlicher Daten (sofern sie bewertet wird) wird im Allgemeinen nicht berücksichtigt, es sei denn, sie wird im Rahmen eines Patentgültigkeitsverfahrens angefochten. Daher schlagen wir vor, dass Daten, die in Patenten berichtet werden, mit diesem Verfahren im Hinterkopf betrachtet werden.*

Insgesamt hoffen wir, dass diese informelle Einführung in das Lesen von Patenten mehr Wissenschaftler und Studenten dazu ermutigen wird, die Patentliteratur zu lesen und die in Patenten und Patentanmeldungen offengelegte Spitzenforschung zu nutzen.

Interessensbekundung

Die Autoren haben keine Mitgliedschaft oder relevante finanzielle Beteiligung an einer Organisation oder Einheit, die ein finanzielles Interesse oder einen finanziellen Konflikt mit dem Thema oder den Materialien, die im Manuskript besprochen werden, hat. Dazu gehoren Anstellungen, Beratung, Honorare, Aktienbesitz oder Optionen, Expertenaussagen, Subventionen oder rezipierte oder angemeldete Patente oder Lizenzgebuhren. Die Peer Reviewer dieses Manuskripts haben keine finanziellen oder sonstigen Beziehungen, die sie offenlegen müssen." (Kate E. Donald, 2018)

II-3 Bedeutung von Patenten

Für diesen Teil empfehle ich Ihnen diesen Text aus dem Buch "Intellectual property in Chemistry" von Nelson Duran Leandro Cameiro Fonseca und Amedea B. Seabra

"***Patente können ein bestehendes oder ein neues Unternehmen schützen. Unternehmen, die ein Patent besitzen, können es lizenzieren und Lizenzgebühren einnehmen, und der Eigentümer wird alle neuen, aufkommenden Technologien ausschließen, die auf dem neuesten Stand der Wissenschaft sind. Waller (2011) hat eine interessante Hypothese zu den Entwicklungskosten für Medikamente seit 1992 aufgestellt. Im Jahr 2007 steht die Zahl 2,8 Milliarden US-Dollar für das Scheitern von Exubera® durch Pfizer®. Die Zahlen variieren stark, je nachdem, wer die Analyse durchführt. Die Werte reichen von 521 Mio. USD oder 868*** *Mio. USD oder 2,2 Mrd. USD bis 2,9 Mrd. USD (Millman, 2014). Waller (2011) nahm jedenfalls an, dass der Wert von Pfizer einigermaßen korrekt sei. Dieses Unternehmen sollte, wie jedes andere auch, vor kostenpflichtigen Kopien seiner Produkte geschützt werden, was ebenfalls zusätzliche Kosten verursacht. Denken Sie daran, dass ein Patent 20 Jahre lang den Schutz der Exklusivität des Produkts, des Verkaufs oder einer anderen Tätigkeit abdeckt. In vielen Fällen können Patente lizenziert werden, um einen Einkommensstrom zu erzeugen, was in der Regel einen erheblichen Gewinn für das Unternehmen darstellt. Wenn aber all diese Kosten nicht wieder hereingeholt werden, wird das Unternehmen nach diesen 20 Jahren der Entwicklung scheitern. Geistiges Eigentum (IP) ist daher ein Mechanismus, mit dem sowohl die Kosten für die*

Markteinführung eines erfolgreichen Produkts als auch die Kosten für die Nichtvermarktung eines erfolglosen Produkts kontrolliert werden können. Patente sind das Eigentum großer Unternehmen, und die Kosten für die Aufrechterhaltung des geistigen Eigentums können bei vielen Produkten eines der teuersten Elemente sein. Neben der obigen Diskussion über die Bedeutung des geistigen Eigentums sind die dunklen Seiten die Kosten dieser Verfahren. Ein gutes Beispiel wurde von der WIPO (2016) diskutiert: Ein System namens MPEG-2 (ein Standard für die generische Kodierung von Bewegtbildern und auch ISO/IEC 13818 MPEG-2 im ISO-Shop. Es beschreibt auch eine Kombination aus Video- und Audiodatenkompressionsverfahren, die die Speicherung und Übertragung von Filmen mithilfe der derzeit verfügbaren Speichermedien und Übertragungsbandbreite ermöglichen) ist ein technischer Standard für verschiedene Verbraucherprodukte, die sich mit der Videotechnologie befassen. Die MPEG-2-Lizenzgebühren pro DVD-Player betragen 2,50 USD, und die DVD-Hersteller haben sich darauf geeinigt, für die Kompatibilität mit dem MPEG-2-Standard zu bezahlen. Zweitens lizenziert die Gruppe des Patentinhabers separat ihre Patente für die DVD-Technologie mit einer gemeinsam gezahlten Gebühr von 8,50 USD. Folglich erreichten die IP-Lizenzgebühren für DVD-Player einen Wert von 11,00 USD. Der Endwert eines DVD-Players betrug somit 44,00 USD, was etwa einem Viertel des IP-bezogenen Preises entspricht. Es gibt einen wichtigen Aspekt zu beachten. Obwohl das Unternehmen mit den Marktvorteilen beginnen kann, ist es möglich, dass ein Konkurrent das Produkt ebenfalls erfolgreich entdeckt hat. Wenn man davon ausgeht, dass zumindest ein Konkurrent lernen kann, das Produkt effizienter und billiger herzustellen als der ursprüngliche Hersteller, wäre dies ein großes Problem für den ursprünglichen Hersteller. Wenn aber zumindest das erste Unternehmen auf dem Markt erhebliche Rechte an geistigem Eigentum besitzt, könnte es letztlich seine Einnahmen senken, wenn größere und bessere Konkurrenten auf den Markt drängen. In dieser Hinsicht kann das Unternehmen, wenn es seine geistigen Eigentumsrechte ausnutzen kann, andere Hersteller vollständig daran hindern, das Produkt zu produzieren, aber das Unternehmen kann auch Lizenzeinnahmen haben, die einen erheblichen Bruchteil dessen ausmachen, was seine eigenen Vorteile beim Verkauf des Produkts wären (WIPO, 2007a,b)...

Es gibt zwei wichtige Kategorien in Patenten wie strukturelle und nicht-strukturelle Elemente. Die erste Kategorie ist in der Semantik und den Formaten von Patent zu Patent einheitlich. Die Elemente dieser Kategorie sind die Patentnummer, das Anmeldedatum, die Erfinder, die Zessionare und die Prioritätsdaten. Unterdessen ist die Nichtstruktur der Text mit dem Inhalt mit verschiedenen Stilen und wichtigen Aspekten, wie Beschreibungen und Ansprüchen.

Der Beschreibungsteil (oder Spezifikation) umfasst Einzelheiten zu früheren Patentanmeldungen und zum Stand der Technik, wie z. B. eine Überprüfung der wissenschaftlichen Literatur und eine Zusammenfassung, gefolgt von einer detaillierten Darstellung der Geschichte der beanspruchten Erfindung. Dieser Abschnitt wird in der Regel Beispiele enthalten, die konkrete Beispiele oder Beispiele auf Papier sein können. Der Anspruchsabschnitt eines solchen Dokuments wird normalerweise als der wichtigste Teil des Dokuments angesehen, da er uns mitteilt, was der Anmelder tatsachlich als Erfindung beansprucht. Die in einer Patentanmeldung beanspruchten Informationen sollten durch die Beschreibung untermauert werden. Die Forscher sind sich einig, dass das Patent eine Quelle von Informationen bietet, die das Unternehmen nutzen kann, um einen Wettbewerbsvorteil zu erzielen (Shih et al., 2010). Unternehmen können all diese Informationen nutzen, um technologische Entwicklungen zu verfolgen; neue Trends in der konkurrierenden Industrie zu identifizieren; neue Konkurrenten anhand ihrer Aktivitäten und Pläne in Forschung und Entwicklung, mögliche Joint-Venture-Partner zu identifizieren und Gelegenheiten zur Produktlizenzierung zu finden; und nicht zuletzt, um Kompetenzen und potenzielle Mitarbeiter zu identifizieren (Kehoe und Xiao, 2001). Neben all diesen Aspekten sind Patentinformationen äußerst wichtig, um die Qualität neuer Patente zu verbessern, die tatsächliche Situation des Geschäftsumfelds zu kennen und alternative Technologien zu identifizieren (Barroso et al., 2009; Oubrich und Barzi, 2014). In der Forschung und im Ingenieurwesen kann die Verwendung von Patentdokumenten folgende Bedeutung haben: Vermeidung kostspieliger Doppelarbeit, Forschung von einem höheren oder neuen Wissensstand aus, Bewältigung eines neuen Problems mit Hilfe alter Strategien, um neue Ideen zu generieren, Erkennung der Ausdehnung des Patentschutzes auf einen bestimmten Technologiebereich und Kenntnis der technischen und kommerziellen Trends in einem Land von Interesse oder in bestimmten Technologiebereichen (Jansson, 2017)."

Kapitel V
Wirtschaft in Chemie zum Unternehmertum

Chemiker stehen im Mittelpunkt des Wirtschaftswachstums eines Landes, da sie in einem wichtigen Maßstab dazu beitragen. Es ist daher wichtig, dass sie die Wirtschaftswissenschaften, den Marktsinn und die Bedürfnisse der Gesellschaft kennen, vor allem wenn sie von ihrer Stärke profitieren wollen. Das vorliegende Kapitel versucht, ihnen die Wirtschaft und ihre Auswirkungen auf die Welt zu erklären.

1. Begriff der Ökonomie

I-1 Terminologie und Begriffe

Das Wort Wirtschaft stammt vom griechischen Wort *oikonomos ab*, das sich aus den Wörtern *oikos* für Haus und *nomos* für verwalten zusammensetzt. Etymologisch gesehen ist Wirtschaft die Kunst, ein Haus gut zu verwalten, den Besitz einer Person und im weiteren Sinne auch eines Landes zu verwalten.

Es ist anzumerken, dass es keinen Konsens über die Definition von Wirtschaft gibt. Das bedeutet, dass es nicht nur eine Definition von Wirtschaft gibt, sondern mehrere, die sich in der Regel je nach Autor und Denkrichtung unterscheiden.

Der Begriff "Wirtschaft" bedeutet für den Durchschnittsbürger "sparen", "Kräfte sparen", "Geld sparen", oder anders ausgedrückt: möglichst wenig Kraft oder Geld ausgeben, um ein gewünschtes Ergebnis zu erzielen.

Beispiel: Ein Chemiker, der Reagenzien einsparen will, achtet auf die Menge, die er verwendet, und setzt sie sparsam ein. Dasselbe gilt für einen Angestellten, der Geld sparen will: Er achtet darauf, wofür er Geld ausgibt. Er kauft also nur das, was er für notwendig hält, und das zu einem möglichst niedrigen Preis.

- **Was ist Wirtschaftswissenschaft und was ist ihr Ziel?**

Die Wirtschaftswissenschaft ist die Disziplin, die darauf abzielt, die Beziehungen zwischen den wirtschaftlichen Phänomenen Arbeitslosigkeit, Inflation, Zinssatz, Wechselkurs, Beschäftigung, Produktivität und Investitionen zu verstehen und zu analysieren. Die Wirtschaftswissenschaft untersucht, wie die Ressourcen eines Landes verwendet werden, um die Bedürfnisse seiner Bürger zu befriedigen. Sie befasst sich also mit der Produktion, der Verteilung und dem Verbrauch von Waren und Dienstleistungen.

Wie Adam SMITH in seinem 1776 veröffentlichten Werk **Research on the Nature and Causes of the Wealth of Nations** feststellte, *ist die Wirtschaftswissenschaft diejenige, die sich mit der Produktion, dem Verbrauch und dem Austausch von knappen Gütern und Dienstleistungen befasst.*

In der Wirtschaftswissenschaft geht es also darum, Methoden zu finden, mit denen ein bestimmter Aufwand (an Energie oder Geld) auf ein Minimum reduziert werden kann, um ein maximales

Ergebnis zu erzielen. Das Ziel der Wirtschaftswissenschaft ist es also, ein Gleichgewicht zwischen Bedarf und Ressourcen sowie zwischen Produktion und Verbrauch herzustellen.
Dies steht im Einklang mit dieser Definition von Wirtschaft, die besagt, dass sie die Wissenschaft ist, die es ermöglicht, ein Ziel mit dem geringstmöglichen Aufwand und der größtmöglichen Zufriedenheit zu erreichen.

Man kann auch sagen, dass die Wirtschaftswissenschaft die Erkenntnis wirtschaftlicher Phänomene zum Gegenstand hat, die nach der Methode des Experiments durchgeführt wird.

Da sie materielle Phänomene untersucht, die Schaffung und Verwendung von Gütern, die zur Befriedigung menschlicher Bedürfnisse notwendig sind, ähnelt sie auch einer Geisteswissenschaft, die sich nicht für ihre eigenen Früchte interessieren kann.

Die Wirtschaft ist eine Wertstudie, da sie sich zum Ziel gesetzt hat, das Zusammenspiel der wirtschaftlichen Phänomene zur Verbesserung der Lebensbedingungen zu bestimmen und vorherzusagen.

Die Wirtschaftswissenschaft hat definitiv die Untersuchung der **Bedürfnisse** des Menschen zum Gegenstand.

- **Grundlegende Elemente der Wirtschaftswissenschaft**

Es geht darum, den Gegenstand und die Methoden der Wirtschaftswissenschaft zu untersuchen. Der Begriff "Gegenstand" bezeichnet den Forschungs- und Anwendungsbereich einer Disziplin.
Samuelson Paul sagt: "*Wirtschaft ist die Untersuchung der Art und Weise, wie Gesellschaften **knappe Ressourcen** nutzen, um **Waren** mit Wert **zu produzieren** und **diese unter einer Vielzahl von Individuen** zu **verteilen***".

- ***"Knappe Ressourcen"***: bedeutet, dass wir uns in einem Kontext befinden, in dem es keinen Überfluss an benötigten Ressourcen gibt. Dies entspricht dem Element des **Bedarfs**

- ***"Waren produzieren":*** Hier stellt sich ***die*** Frage: Was soll produziert werden? Wie soll produziert werden? Und für wen wird produziert? was dem Element der Ware entspricht **(Produktionsgut)**

- ***"Unter einer Vielzahl von Individuen verteilen***": bezieht sich auf die Verteilung des geschaffenen Wohlstands auf die Gesamtheit der Bevölkerung. Dies bezieht sich auf das Element der **Dienstleistung (Konsumgut und Dienstleistung).**

Aus dem Gesagten lassen sich die grundlegenden Elemente der Wirtschaftswissenschaft in drei Punkten zusammenfassen, nämlich: **Bedürfnisse, Waren** und **Dienstleistungen**.

Bedürfnisse

Laut dem Larousse-Wörterbuch ist ein Bedürfnis eine Forderung, die aus einem Gefühl des Mangels, der Entbehrung von etwas, das für das organische Leben notwendig ist, entsteht. Es ist ein Gefühl der Unzufriedenheit, das nur mit Anstrengung wirksam werden kann.

Wir können also sagen, dass Bedürfnisse der Grund für wirtschaftliche Aktivitäten sind, da die Menschen produzieren, um ihre Bedürfnisse zu befriedigen. Diese Bedürfnisse sind von unterschiedlicher Art und verändern sich unter dem Einfluss verschiedener Faktoren. Es handelt sich also um einen relativen Begriff, der sich verändert:

- Im Laufe der Zeit: Hier sind die Revolution der Mentalität, technologische Innovationen und Modeerscheinungen zu verzeichnen.
- Räumlich, d. h. nach Glauben, sozioprofessionellen Kategorien und Wohnort

Wirtschaftliche Bedürfnisse

Wirtschaftliche Bedürfnisse entsprechen einer Entbehrung oder einem Mangelgefühl, das **den** Wunsch nach einem vorhandenen Gut hervorruft. Sie drücken die Notwendigkeit des Konsums aus, die sich aus einem Wunsch oder einem Gefühl der Entbehrung ergibt. Sie machen das menschliche Eingreifen notwendig. Der Ökonom unterscheidet zwischen primären Bedürfnissen, die er als lebensnotwendig bezeichnet (sich kleiden, ernähren, wohnen), und sekundären Bedürfnissen, die zivilisatorischen Bedürfnissen entsprechen (Kultur, Komfort, Mode).

Merkmale der wirtschaftlichen Bedürfnisse

Die Bedürfnisse sind unbegrenzt und vielfältig, da sie jeden Tag neu entstehen und ihre Ausdrucksformen immer vielfältiger werden.

Bedürfnisse sind unersättlich: Denn sie können nicht auf einmal vollständig befriedigt werden. Dasselbe Bedürfnis taucht nach jedem Versuch, es zu befriedigen, wieder auf. Man spricht dann von **Sattheit**.

Bedürfnisse sind relativ, da sie sich von Ort zu Ort, von Zeit zu Zeit und von Mensch zu Mensch unterscheiden. Daher wird bei wirtschaftlichen Bedürfnissen die Entwicklung in Zeit und Raum berücksichtigt.

Bedürfnisse sind subjektiv und hängen vom Geschmack des einzelnen Verbrauchers ab (sie sind ein persönlicher Zweck).

Auch die Bedürfnisse sind voneinander abhängig.

Die Klassifizierung von Bedürfnissen

Grundbedürfnisse: Diese werden auch als Lebensbedürfnisse bezeichnet und sind relativ wenige, deren Nichterfüllung zum Tod führen kann. *Beispiel*: Um zu leben oder einfach nur zu überleben, muss der Mensch bestimmte Bedürfnisse wie Sauerstoff, Wasser, Nahrung, Kleidung und Unterkunft unbedingt befriedigen. Da es diese Bedürfnisse sind, die ihm das Überleben ermöglichen und die Möglichkeiten des Wachstums bestimmen, werden sie als Lebensbedürfnisse bezeichnet.

Diese Bedürfnisse unterscheiden sich von den vorherigen insofern, als ihre Befriedigung nicht denselben Charakter der Dringlichkeit, in diesem Fall der Lebensnotwendigkeit, aufweist. Die Befriedigung dieser Bedürfnisse ist nicht notwendigerweise dringend, aber wichtig oder von den Betroffenen gewünscht. Das Bedürfnis nach Bildung, denn das Fehlen von Bildung verhindert nicht das Überleben, sondern bleibt eines der Bedürfnisse, deren Notwendigkeit nicht bestritten werden kann, sobald das Überleben einer Person gesichert ist.

Sekundäre Bedürfnisse**:** Diese werden auch als materielle Bedürfnisse bezeichnet und dienen dazu, die Qualität der grundlegenden oder primären Güter zu verbessern, die für den Menschen unerlässlich sind. Es handelt sich um Bedürfnisse, deren Befriedigung nicht lebensnotwendig ist. Das Bedürfnis nach Mobilität, nach besserer Kleidung, nach besserer Ernährung und nach Begegnungen mit anderen Menschen.

Die meisten Menschen haben ein Interesse **daran,** mit anderen Menschen in Kontakt zu treten und sich mit ihnen auszutauschen. Beispiel: l Das Bedürfnis, Teil einer Gruppe von Freunden zu sein, zu kommunizieren, Liebe und Zuneigung zu erhalten.

Individuelle Bedürfnisse: Dies sind die Bedürfnisse, die der einzelne Konsument im Rahmen seiner Ressourcen selbst befriedigen kann, indem er die damit verbundenen Waren und Dienstleistungen kauft. Beispiel: Sich in einem großen Restaurant auf eigene Kosten zu verpflegen.

Die meisten Menschen, die in einem Land leben, in dem der Staat oder eine Gemeinschaft die Bedürfnisse der Menschen befriedigt, haben ein Recht darauf, diese Bedürfnisse zu befriedigen. Die meisten Menschen haben ein Interesse daran, sich selbst zu versorgen.

Die MASLOW-Pyramide versucht, die Bedürfnisse wie folgt zu hierarchisieren:

In Bezug auf die Bedürfnisse gibt es einige Regeln zu beachten:

Ein höheres Bedürfnis wird erst dann befriedigt, wenn die niedrigeren Bedürfnisse bereits befriedigt sind (Erhalt des Gutes), was als Hierarchie der Bedürfnisse bezeichnet wird.

Die zu befriedigenden Bedürfnisse bilden die Grundlage für die Motivation (die durch ein Gut aufgewertet wird).

Es ist wichtig, die individuellen Bedürfnisse zu berücksichtigen.

Waren und Dienstleistungen

Güter sind die Mittel, die es ermöglichen, Bedürfnisse zu befriedigen. Folglich ist es ohne Mittel (Güter) unmöglich, seine Bedürfnisse zu befriedigen.

Man unterscheidet zwischen zwei Arten von Gütern:

▪ ***Die Naturgüter oder freien Güter***: Sie sind die Produkte der Natur. Sie sind nicht das Ergebnis menschlichen Handelns, wie z. B. Wasser, Luft oder Sonnenlicht. Diese Güter sind theoretisch in unbegrenzter Menge vorhanden.

▪ ***Nicht-natürliche oder ë-wirtschaftliche Güter***: Dieser zweite Fall, der mit dem ersten verglichen wird, ist das Ergebnis menschlicher Aktivität. Diese Güter werden während des gesamten Produktionsprozesses verarbeitet, z. B. ein Paar Schuhe, ein Computer usw. Sie zeichnen sich dadurch aus, dass sie sehr vielfältig sind (d. h. es gibt sie in vielen verschiedenen Sorten).

Wirtschaftliche Güter.

Wirtschaftsgüter sind Dinge, die durch menschliches Eingreifen hergestellt werden. Sie lassen sich unterteilen in dauerhafte und nicht dauerhafte Konsumgüter und in Produktionsgüter, deren Nutzen der Gewinnung von späteren Konsumgütern entspricht.

Um als wirtschaftlich zu gelten, muss ein Gut verschiedene Bedingungen erfüllen:

- Auf ein Bedürfnis reagieren oder es befriedigen (unabhängig von der Art des Bedürfnisses und ohne moralische Bewertung).
- Anbieten von Eigenschaften, die vom Verbraucher als geeignet zur Befriedigung seiner Bedurfnisse identifiziert werden.
- Verfügbar sein.
- knapp sein (z. B. Trinkwasser).

Kategorien von Wirtschaftsgütern

Die Wirtschaftsgüter lassen sich in zwei große Kategorien einteilen:

Materielle Güter sind, wie ihr Name schon sagt, physische Produkte.

Man unterscheidet drei Typen:

❖ **Produktionsgüter**, die zur Herstellung anderer Waren und Dienstleistungen verwendet werden. Beispiel: ein Schraubenschlüssel, eine Nähmaschine. Dies sind in der Regel Ausrüstungsgüter (Maschinen).

❖ **Konsumgüter,** die das Ergebnis der Handlungen des Produktionsgutes sind. in einigen, Beispiel:

ein Computer, eine Glühbirne

❖ Zwischenprodukte sind Rohstoffe, die von einem Unternehmen verwendet werden und durch deren Verarbeitung und Kombination mit anderen Produkten ein Produktionsgut oder ein Konsumgut entsteht.

Materielle Güter können :

o ***Langlebig***. Sie werden so genannt, weil sie mehrmals verwendet werden und eine lange Lebensdauer haben.

o Halb-nachhaltig. Sie sind von der gleichen Art wie die vorhergehenden, außer dass sie eine mittlere Lebensdauer haben. Beispiel: ein Paar Socken, eine Hose, ein Kugelschreiber.

o ***Nicht nachhaltig***. Da sie bei der ersten Verwendung zerstört werden. Beispiele sind ein Streichholz, ein Bananenfinger oder ein Joghurt.

Immaterielle Güter sind **Dienstleistungen**. Sie sind Produkte, die nicht durch ein materielles Gut konkretisiert werden können. Das erinnert an Tätigkeiten wie die eines Arztes, eines Friseurs oder eines Ausbilders, da sie nicht materiell sind. Es handelt sich um Leistungen, die als Dienstleistungen bezeichnet werden. Sie zeichnen sich dadurch aus, dass sie immateriell sind und andere Bedürfnisse als Waren befriedigen.

Diese Dienstleistungen können entweder marktfähig sein, d. h. gegen Bezahlung, wie z. B. ein Haarschnitt oder eine Ausbildung in der Herstellung von Bleichmittel, oder nicht marktfähig, wie z. B. Sicherheit. Dienstleistungen können unterschiedlich klassifiziert werden. So können diese als suits klassifiziert werden:

❖ Dienstleistungen, die in den Endverbrauch eingehen, z. B. die Miete für einen Konzertbesuch.

❖ Ein Beispiel hierfür ist die Wartung der Aufzüge in einem Hotel oder die Wartung des Computernetzwerks.

Aus dem Vorangegangenen können wir auch hinzufügen:

Individuelle Güter: Das sind Güter mit ausschließlicher Nutzung, die vom Begünstigten finanziert werden. Beispiel ein Sandwich.

Kollektivgüter: die die Eigenschaft haben, dass eine oder mehrere ihrer Eigenschaften von mindestens zwei Individuen gleichzeitig konsumiert werden können. Die Tatsache, dass ein Individuum dieses Gut genießt, entzieht es den anderen nicht. Beispiel: Ein Konzert, ein Sonnenstrahl

1.2 die Wirtschaftsakteure

Ein Wirtschaftssubjekt ist laut *Wikipedia* eine natürliche Person oder eine Gruppe natürlicher Personen (juristische Personen), die über eine wirtschaftliche Funktion (Konsum, Produktion, Verteilung) verfügt. Es kann sich dabei um einen Menschen oder eine Gesellschaft handeln.

Wirtschaftliche Funktion der Agenten

Die Hauptfunktion der Wirtschaftssubjekte besteht darin, Waren und Dienstleistungen zu produzieren und/oder zu konsumieren, die als marktfähig oder nicht marktfähig bezeichnet werden. Der

Unterschied zwischen diesen beiden Kategorien liegt im wirtschaftlichen Wert, der ihnen zugeschrieben wird. Eine marktbestimmte Ware oder Dienstleistung wird vergütet. Während eine nicht marktbestimmte Ware oder Dienstleistung nicht von einem Kunden bezahlt wird, manchmal nur sehr wenig. Diese letzte Kategorie betrifft staatliche Dienstleistungen, wie z. B. Bildung oder sogenannte öffentliche Güter (öffentliche Bänke, Straßenlaternen). Es ist wichtig zu betonen, dass nicht marktbestimmte Güter oder Dienstleistungen, die nicht bezahlt werden, nicht kostenlos sind. Das System der Umverteilung von Steuern und Abgaben ermöglicht es, sie zu schaffen und zu konsumieren, ohne dass sie bei der Nutzung bezahlt werden müssen.

Die ökonomischen Funktionen der Agenten werden unabhängig voneinander ausgeübt, ohne dass sie sich auf andere beziehen müssen. Und als Folge davon hat jeder wirtschaftliche Beitrag einen Einfluss auf andere Agenten und nährt den Wirtschaftskreislauf.

Klassifizierung von Wirtschaftssubjekten

In der Wirtschaftswissenschaft gruppiert man die Wirtschaftssubjekte nach :

- Ihre Produktionsfunktion,
- Ihre Konsumfunktion
- Ihre Verteilungsfunktion.

Es sei darauf hingewiesen, dass diese Darstellung von derjenigen der neoklassischen Theorie abstammt (Verwendung mathematischer und rein wissenschaftlicher Konzepte zur Erklärung der Wirtschaft). Es gibt zwei Kategorien von Akteuren: Konsumenten und Produzenten.

So bietet der Konsument seine Arbeitskraft an und konsumiert mit dem Einkommen aus dieser Arbeit. Der Produzent hingegen nutzt das Einkommen des Konsumenten, um seine Produkte oder Dienstleistungen abzusetzen. Die Wirtschaftssubjekte werden entsprechend ihrer Funktion in sechs institutionellen Sektoren zusammengefasst, d.h:

- **Einzel- oder Gruppenhaushalte,** deren wirtschaftliche Funktion im Konsum besteht ;
- **Finanzgesellschaften,** deren wirtschaftliche Funktion darin besteht, Steuern von Unternehmen und Haushalten einzutreiben und Kredite zu vergeben (Banken);
- **Unternehmen** (nichtfinanzielle Kapitalgesellschaften), deren wirtschaftliche Funktion in der Produktion von Waren und marktbestimmten Dienstleistungen besteht;
- Die **öffentliche Verwaltung,** deren wirtschaftliche Funktion darin besteht, nicht marktbestimmte Dienstleistungen zu erbringen;
- **Das Ausland oder der "Rest der Welt",** dessen Hauptfunktion darin besteht, Waren und Dienstleistungen zu importieren und zu exportieren.

Die Wirtschaftssubjekte bestehen also aus Unternehmen (Produktionseinheiten), Haushalten (Konsumeinheiten), Finanzinstituten (Finanzierungseinheiten), dem Staat (sogenannte nichtproduktive Einheiten) und dem Ausland (Import-/Exporteinheiten).

Hier ist das Schema eines einfachen Wirtschaftskreislaufs:

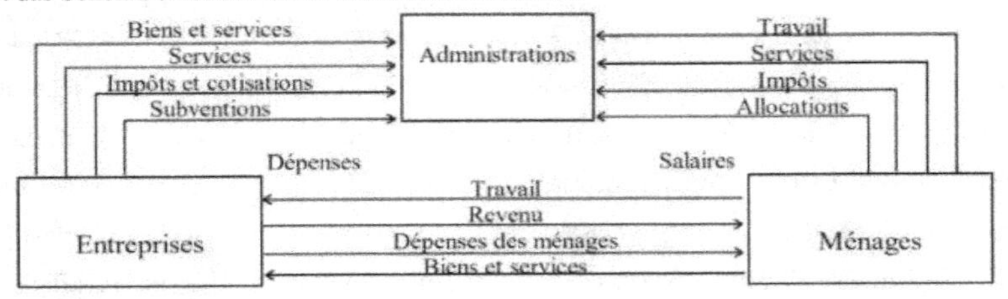

Das größte Problem, das eine Gesellschaft lösen muss, ist die Befriedigung der wirtschaftlichen Bedürfnisse durch die Produktion von Waren und Dienstleistungen durch Unternehmen. Diese Produktion wird neben dem Anteil der Selbstfinanzierung von den Finanzinstituten durch die Ersparnisse der Wirtschaftssubjekte (Haushalte, Unternehmen usw.) finanziert. Es ist wichtig zu beachten, dass die Ersparnisse nutzlos sind, wenn sie nicht in Investitionen fließen, da diese für Produktionsmaßnahmen verwendet werden müssen. Eine der Aufgaben der Finanzinstitute besteht darin, die Ersparnisse einzusammeln und ihre Investition zu erleichtern und zu fördern.

1.3 die Aggregate der nationalen Buchführung/Aggregate

Aggregate sind synthetische Indikatoren, die die wirtschaftliche Aktivität eines Landes während eines bestimmten Zeitraums charakterisieren. Es gibt zwei (2) Hauptaggregate: die Produktion und das Nationaleinkommen.

o Die Produktion

Die Produktion ist eine sozial organisierte wirtschaftliche Tätigkeit, die Arbeits- und Kapitalressourcen, die sogenannten **Produktionsfaktoren** (Arbeit, Maschinen usw.), nutzt, um Waren oder Dienstleistungen aus Vorleistungen zu produzieren, d. h. Waren oder Dienstleistungen, die von anderen Unternehmen gekauft und dann weiterverarbeitet werden. Die Produktion umfasst somit alle Waren und Dienstleistungen, die für den Verkauf bestimmt sind.

Das Bruttoinlandsprodukt (BIP).

Das Bruttoinlandsprodukt (BIP) ist ein Wirtschaftsindikator, mit dem die Wohlstandsproduktion eines Landes gemessen werden kann. Das Bruttoinlandsprodukt ist ein Maß für den Wert aller Waren und Dienstleistungen, die in einem Land innerhalb eines Jahres produziert werden.

Der Begriff "Bruttoinlandsprodukt" bezieht sich auf die Produktion aller im Inland ansässigen Unternehmen, unabhängig davon, ob sie aus Kamerun oder aus dem Ausland stammen.

In fa^on resume :

Das **BIP** von Kamerun= Produktion der inländischen Unternehmen in Kamerun + Produktion der ausländischen Unternehmen in Kamerun.

Die Bruttoinlandsproduktion setzt sich zusammen aus einem Bruttoinlandsprodukt, das Waren und Dienstleistungen umfasst, die gehandelt werden, und einem Bruttoinlandsprodukt, das nicht gehandelt wird und Dienstleistungen umfasst, die vom Staat und von privaten Organisationen kostenlos oder fast kostenlos erbracht werden.

Die Nationale Produktion (NP).

Nach dem Larousse-Wörterbuch entspricht die nationale Produktion (NP) der Gesamtheit aller Waren und Dienstleistungen, die in einem Jahr von der nationalen Wirtschaft produziert werden, mit Ausnahme der vom Staat erbrachten Dienstleistungen.

Klartext:

PN = Produktion der nationalen Unternehmen + Produktion von Kamerunern im Ausland

Das Bruttosozialprodukt (das BSP).

Das Bruttosozialprodukt (BSP), auch Bruttoinlandsprodukt (BIP) genannt, ist ein Wirtschaftsindikator, der dem Wohlstand entspricht, der in einem Jahr von allen Einwohnern und Staatsangehörigen eines Landes produziert wird. Das BIP ist ein Maß für den Wohlstand, den ein Land produziert.

Zum besseren Verständnis

Das **BSP** = **BIP** + (in Kamerun erzielte Einnahmen - von Ausländern ins Ausland transferierte Einnahmen) + Beamtengehälter.

Unterschied zwischen BIP und BSP

Das Bruttoinlandsprodukt (BIP) misst den Wohlstand, der von allen in einem bestimmten Gebiet ansässigen Akteuren und Personen produziert wird, während das BSP auf der Grundlage der Staatsangehörigen eines Landes berechnet wird, unabhängig von ihrem Wohnort. So wird der Wohlstand, der von einem in Kamerun ansässigen französischen Unternehmen, das ausländische Staatsangehörige beschäftigt, produziert wird, für die Berechnung des kamerunischen BIP berücksichtigt, nicht aber für die des BSP. Umgekehrt wird ein kamerunisches Unternehmen, das in China angesiedelt ist und kamerunische Staatsangehörige beschäftigt, Wohlstand schaffen, der bei der Berechnung des kamerunischen BSP berücksichtigt wird.

o Das Nationaleinkommen

Der Wert der jährlichen Produktion von Waren und Dienstleistungen in einem Land. Die Produktion kann durch alle Ströme, die in die Unternehmen fließen, dargestellt werden, mit Ausnahme von Krediten oder Abhebungen von Finanzinstituten.

Wie die Einnahmen eines Unternehmens funktionieren

Das Einkommen eines Unternehmens kann in drei Bereiche unterteilt werden:

Ein erster Teil, der lediglich dazu dient, das in der Produktion verbrauchte Kapital wieder aufzufüllen, wird als Abschreibung bezeichnet.

Der zweite Teil wird für die Zahlung von Steuern und Beiträgen verwendet.

Und der letzte und wichtigste Teil, den die Haushalte als Einkommen erhalten, wird in Form von

Löhnen für die Arbeiter ausgezahlt. Zinsen und Profite für die Kapitalisten. Aber diese Faktoreinkommen sind nicht die einzigen, die die Haushalte erhalten. Hinzu kommen Gehälter und Sozialleistungen, die von Behörden gezahlt werden, sowie Löhne und Gehälter, die Finanzinstitute an ihre Mitarbeiter zahlen.

Methode zur Berechnung des Volkseinkommens.

Das Volkseinkommen, wie oben definiert, ist die Gesamtheit aller Einkommen, die von den Wirtschaftssubjekten im Laufe eines Jahres erzielt werden. Dieses wirtschaftliche Aggregat kann auf zwei (2) Arten berechnet ***werden***: ***Direkte Berechnungsmethode :***

Sie beruht auf der Summe der verschiedenen Einkommen aus Faktoren (Produktion...), Gehältern und Leistungen und den nicht von den Unternehmen verteilten Einkommen.

RN = Einkommen der Arbeitnehmer + Einkommen des Kapitals (Zinsen und Gewinne) + Nicht ausgeschüttetes Einkommen der Unternehmen + Beamtengehälter.

Indirekte Berechnungsmethode :

Sie wird aus der nationalen Produktion abgeleitet, von der die Abschreibungen und die indirekten Steuern, die von den Unternehmen auf ihre Produktion gezahlt werden, abgezogen werden. Dann werden zu diesem Betrag die Gehälter der Beamten hinzugefügt.

Das verfügbare Einkommen

Das **verfügbare Einkommen** ist das Einkommen nach einer Umverteilung, die das ursprüngliche Einkommen berücksichtigt, um die erhaltenen Sozialleistungen erhöht und um die gezahlten Steuern verringert wird. Das verfügbare Einkommen ist die Summe des Geldes, das für den Konsum bestimmt ist.

Seine Berechnung erfolgt wie folgt.

Das verfügbare Einkommen "R.D." = Einkommen der Haushalte "RM" - (Steuern + Sozialversicherungsbeiträge)

Dieses Einkommen ist von großer Bedeutung, da von seiner Höhe abhängt, wie viel Geld ein Haushalt ausgeben oder sparen kann. Es ist das Einkommen, das die Kaufkraft der Menschen in einem Land misst.

Die Grenzen der ökonomischen Aggregate :

Wirtschaftliche Aggregate wie das BIP und das BSP berücksichtigen bestimmte wirtschaftliche Aktivitäten nicht. Das bedeutet, dass inoffizielle Märkte nicht gemessen werden, einschließlich der Schattenwirtschaft, bei der nur die verkauften Mengen in der Produktion berücksichtigt werden. Sie bieten nur einen unvollständigen Überblick über den Lebensstandard einer bestimmten Bevölkerung. Darüber hinaus messen diese beiden Aggregate nur den Wert der Produktion zu Marktpreisen. Dies setzt die Existenz von Transaktionen voraus, die nicht gemessen werden, da sie außerhalb des offiziellen Marktes getätigt werden.

Geldströme sind nicht mit der gleichen Genauigkeit bekannt

1.4 **Die Produktionsfaktoren**

Produktionsfaktoren sind die materiellen und nicht materiellen Ressourcen, die im Produktionsprozess von Waren und Dienstleistungen verwendet werden.
Für Adam Smith sind die wichtigsten Produktionsfaktoren Kapital und Arbeit.

Der Faktor Kapital setzt sich aus mehreren Unterelementen zusammen:

Der Nachteil dieses Kapitals ist, dass es ohne Investitionen schrumpft.
Das ***Humankapital*** bezieht sich auf das von Menschen angesammelte Wissen, das für die Arbeit mobilisiert werden kann. Die meisten Menschen sind in der Lage, ihr Wissen und ihre Fähigkeiten zu nutzen, z. B. Lehrlingsausbildung, Ingenieurausbildung, Erfahrung etc.
Immaterielles Kapital, das sich auf Vermögenswerte des geistigen Eigentums (Patente, Marken, Know-how usw.) bezieht. Diese Art von Kapital bildet zunehmend eine der Grundlagen der Wirtschaft in den sogenannten entwickelten Ländern.
Zusätzlich zu den genannten Faktoren kann man noch ***Sozialkapital*** und ***kulturelles Kapital*** hinzufügen. Sie werden als erklärende Variablen für Perfektion und Produktivität anerkannt, die nicht von anderen Faktoren abhängen.
Ein weiterer Faktor, der nicht zuletzt als Teil des Kapitals anerkannt **wird,** ist der **Faktor "Boden und Untergrund".** Er wird entweder als Teil eines breiteren Naturfaktors betrachtet, zu dem auch die natürlichen Ressourcen einschließlich der Biodiversität gehören, oder als Bodenkomponente des Kapitals (Landbesitz).
Die vier wichtigsten Produktionsfaktoren sind: materielle Arbeit, Naturkapital (Land), physisches Kapital, immaterielles Kapital (Know-how, Organisation, immaterielle Vermögenswerte, wenn sie verbucht werden, Unternehmertum, immaterielle Arbeit, Wissen).
Es ist auch wichtig zu betonen, dass durch Investitionen das Volumen der Produktionsfaktoren erhöht werden kann. Die Ausbildung kann in dieser Hinsicht als eine Art Investition anerkannt werden, da sie in gewissem Maße die Fähigkeiten des Arbeitnehmers erhöht.

1.5 **die Münze, Funktion und Formen.**

> Was ist Geld

Der *Begriff* ***"Geld"*** *ist ein Zahlungsmittel, das an einem bestimmten Ort und zu einer bestimmten Zeit verwendet wird:*

1) aufgrund des Gesetzes: Man spricht von einem gesetzlichen Kurs;

2) *aufgrund von Usancen: Wirtschaftsakteure akzeptieren sie als Bezahlung für einen Kauf, eine*

Leistung oder eine Schuld."

> **Die Funktionen des Geldes**

o ***Geld ist ein Instrument zur Messung von Werten***

Wie wird der Wert eines Paars Schuhe oder einer Uhr verglichen?

In der Realität ist dies nur mit Hilfe von Geld möglich, da es die einzige Einheit ist, die diesen Vergleich leicht ermöglicht.

o ***Geld ist ein Tauschmittel***

Sie ermöglicht es, den Handel zu erleichtern. Die moderne Wirtschaft zeichnet sich nämlich durch Arbeitsteilung und Massenproduktion aus, die eine wachsende Menge an Transaktionen darstellen. Geld ermöglicht also die Vervielfachung des Austauschs. Es ist zu beachten, dass die Verwendung einer Währung als Tauschmittel von ihrer universellen Akzeptanz abhängt.

o ***Geld ist ein Reserveinstrument***

Geld spielt eine Rolle als Reserve, denn wer es besitzt, kann den Zeitpunkt bestimmen, zu dem er es verwendet. Er kann es so schnell ausgeben, wie er es einnimmt, oder es für einen späteren Zeitpunkt sparen. So ermöglicht Geld das Sparen, da es dem Sparer erlaubt, es einer anderen Person anzuvertrauen, die es für Investitionen und zur Steigerung der Produktion verwendet.

> **Die Formen des Geldes**

o ***Die Treuhandwährung***

Der Begriff Treuhand leitet sich von dem lateinischen Wort "*fides*" ab, das Vertrauen bedeutet, da es auf dem Vertrauen beruht, das die Bürger der öffentlichen Gewalt entgegenbringen, die es garantiert.

o ***Buchgeld***

Aus dem Lateinischen "*scriptus*", was "geschrieben" bedeutet. Diese Form des Geldes bezieht sich auf das Scheckgeld, das auf einem Schriftsatz beruht. In der Tat wird jeder Scheck, der von einem Inhaber eines Bank- oder Postscheckkontos zur Zahlung eingereicht wird, sobald er durch die Unterschrift des Inhabers beglaubigt ist, dem Konto der Bank oder des Postscheckkontos (CCP) belastet.

o ***Teilungsgeld***

Es handelt sich um die Gesamtheit aller gewöhnlichen Metallmünzen, die zum Teil aus Aluminiumlegierungen, zum Teil aus Kupfer oder Nickel bestehen. Der Begriff "Metallgeld" bezieht sich auf Gold- oder Silbermünzen und nicht auf Münzen, deren Herstellungskosten in der Regel weit unter ihrem Geldwert liegen.

o ***Elektronisches Geld oder digitales Geld***

Es handelt sich um eine Währung, die auf elektronischen Speichern unabhängig von einem Bankkonto gespeichert wird. Beispiel: Bitcoin.

> **Geld und die Probleme der Inflation**

Inflation ist ein allgemeiner und dauerhafter Anstieg der Produktpreise. Es gibt verschiedene Formen der Inflation, wie z.B. :

Schleichende Inflation, wenn der Anstieg der Produktpreise zwischen 3% und 5% pro Jahr schwankt.

Galoppierende Inflation, wenn der Preisanstieg von Produkten mehr als 5% pro Jahr beträgt.

Inflation tegere, wenn der Anstieg der Produktpreise um 1% oder unter 3% liegt.

Hyperinflation: Eine ***Hyperinflation*** ist ein allgemeiner und anhaltender Anstieg der Produktpreise von Tag zu Tag. ***Importierte Inflation: Inflation aufgrund von*** Preissteigerungen bei Produkten, die aus dem Handel mit dem Ausland stammen. Ein Beispiel ist der Anstieg der Preise für Erdöl oder bestimmte Rohstoffe.

> **Wie wird die Inflation gemessen?**

$$\textit{Taux d'inflation} = \left(\frac{\textit{Indice des prix au temps 2} - \textit{Indice des prix au temps 1}}{\textit{Indice des prix au temps 1}}\right) \times 100$$

> **Die Folgen der Inflation**

Es gibt mehrere Möglichkeiten:

o ***Soziale Folgen***

Die Folge ist, dass die Inflation zu einer Verringerung der Kaufkraft bestimmter sozialer Gruppen führt. Sie wird daher Beamte, Rentner, Pensionäre usw. benachteiligen. Im Gegensatz dazu begünstigt sie Händler, Freiberufler und Arbeitnehmer in bestimmten Wirtschaftssektoren (ausländische Öl- und Kohlenwasserstoffunternehmen usw.).

o ***Wirtschaftliche Folgen.***

Wenn es eine Inflation gibt, sparen die Haushalte weniger. Es kommt zu einem Rückgang der Exporte aufgrund der Preise, was die Möglichkeiten des Staates, Devisen einzunehmen, beeinträchtigt. Es kommt zu einem Anstieg der Importe, da deren Erwerb billiger ist, was die Wirtschaftssubjekte dazu ermutigt, einheimische Produkte zu konsumieren. Die direkte Folge dieses Verhaltens ist, dass inländische Unternehmen ihre Kunden an ausländische Unternehmen verlieren.

Die Abwertung der nationalen Währung ist ebenfalls zu beobachten. Der Rückgang der produktiven Investitionen zugunsten von spekulativen Investitionen.

> **Die Ursachen der Inflation.**

Als Ursache der Inflation können wir nennen :

o **Nachfrageseitige Inflation:** Dies ist die Inflation, die verursacht wird, wenn die Nachfrage das Angebot übersteigt. Dieses Phänomen bedeutet, dass das BIP steigt und die Arbeitslosigkeit sinkt. Auf monetärer Ebene ist die nachfragegesteuerte Inflation symptomatisch für einen Überschuss an umlaufendem Geld im Vergleich zu der Anzahl der zum Verkauf stehenden Güter. Diese Art von Inflation soll nur dann auftreten, wenn die Wirtschaft bereits Vollbeschäftigung hat.

o Die **Kosteninflation** ist das Gegenteil der Nachfrageinflation. Es ist die Bezeichnung für die Inflation, die durch steigende Produktionskosten verursacht wird. In diesem Fall steigen die Arbeitskosten (Löhne) oder die Rohstoffkosten.

o **Strukturelle Inflation** ist die Inflation, die sich aus Veränderungen in der Angebots- und Nachfragestruktur ergibt. Unter dem Einfluss von Veränderungen in der Angebots- und Nachfragestruktur werden einige Branchen eine steigende Nachfrage nach ihren Produkten verzeichnen, während in anderen die Nachfrage zurückgeht. Wenn die Preise und Löhne in den Branchen, die ihre Produktion drosseln, angesichts dieser Drosselung unflexibel sind, während die Preise und Löhne in den Branchen, die ihre Produktion erhöhen, steigen, dann wird das gesamte Preis- und Lohnniveau in der Wirtschaft steigen. Das angesprochene Phänomen wird sich verstärken, wenn das Angebot unflexibel ist und sich nicht sofort an die laufenden Veränderungen anpassen kann.

> **Geldpolitik als Lösung für die Inflation**

Die Geldpolitik besteht darin, die Liquidität bereitzustellen, die für das Funktionieren und das Wachstum der Wirtschaft erforderlich ist, und gleichzeitig die Geldwertstabilität zu gewährleisten. Das Ziel der Geldpolitik ist es, die Geldmenge an den Bedarf der Wirtschaft anzupassen.

Die Techniken, die zur Kontrolle der Geldmenge durch die Währungsbehörden eingesetzt werden, werden am häufigsten durch die folgenden Techniken gewährleistet: :

o ***Die Grenzen des Re-Diskonts***

Die Rediskontierung, wie sie im Wikipedia-Lexikon definiert ist, ist eine Transaktion, bei der eine Zentralbank einer Geschäftsbank den Wert eines noch nicht fälligen Wertpapiers zur Verfügung stellt. Die Zentralbank kauft das Wertpapier auf und bezahlt durch diese Kaufoperation die Geschäftsbank, wodurch diese mit Liquidität versorgt wird. Diese Transaktion *ist die wichtigste Quelle* für die Versorgung der Geschäftsbanken mit Zentralbankgeld. Je geringer die Nutzung des Rediskonts ist, desto geringer ist die Geldausgabe. Aus diesem Grund wird diese Technik sehr häufig eingesetzt, indem jeder Bank Obergrenzen für die Rediskontierung auferlegt werden, die sich nach der Höhe des von ihr verwalteten Giralgeldes richten.

o ***Die Zeichnung von Schatzanweisungen***

Durch diese Maßnahme zwingt der Staat die Geschäftsbanken, Schatzanweisungen zu kaufen, um sie zu zwingen, einen Teil ihres Geldes zu sparen, anstatt es an Unternehmen zu verleihen. Diese Ersparnisse werden vom Schatzamt für die Bedürfnisse des Staates verwendet. Es sei daran erinnert, dass Schatzanweisungen nicht zurückgezahlt werden, es sei denn, die Höhe des Buchgeldes der Banken sinkt.

o ***Bankreserven.***

Hier schreibt der Staat den Geschäftsbanken vor, einen bestimmten Anteil an Buchgeld (Schecks) in Form von Zentralbankgeld in ihren Kassen zu halten. Dieses Geld darf weder verliehen noch für die Umwandlung von Schecks in Bargeld verwendet werden.

o ***Obligatorische Reserven.***

Diese Methode besteht darin, dass die (überschüssige) Liquidität der Banken als Mindestreserve bei der Zentralbank verwendet wird, die sie selbst verwaltet.

o ***Der Umgang mit dem Diskontsatz.***

Diese Technik funktioniert in zwei Fällen, nämlich bei Inflation und Deflation.

Wenn es zu einer Inflation kommt, erhöht die Zentralbank den Diskontsatz, um die Geschäftsbanken davon abzuhalten, die Geldschöpfung zu nutzen. Die Banken erhöhen ihrerseits den Diskontsatz, um die Unternehmen davon abzuhalten, Kreditanträge zu stellen.

Bei einer Deflation hingegen wird die Zentralbank eher den Diskontsatz senken, um die Banken zu ermutigen, Geld in den Markt zu pumpen.

I.6 Geldwachstum

Von Wirtschaftswachstum spricht man, wenn die Produktion von Waren und Dienstleistungen in einem Land über einen längeren Zeitraum hinweg stetig ansteigt. Es wird durch die Wachstumsrate eines Aggregats gemessen, das seit einigen Jahrzehnten das Bruttoinlandsprodukt (BIP) ist. Kurz gesagt ist sie die dauerhafte Steigerung der Gesamtproduktion einer Volkswirtschaft.

> Was sind die Faktoren des Wirtschaftswachstums?

Hierbei handelt es sich um Faktoren, die den Grad des Wirtschaftswachstums beeinflussen können. So wird das Wirtschaftswachstum durch :

1) Die Erhöhung des Einsatzes des Faktors Arbeit, hier ist ein Anstieg der Erwerbsbevölkerung, eine Erhöhung der Beschäftigungsrate und eine Erhöhung der Arbeitszeit zu verzeichnen.

2) Die Zunahme des technischen Kapitals und seine Vervollkommnung.

3) Technischer Fortschritt und Innovationen in all ihren Formen (bessere Arbeitsorganisation, Verbesserung der Unternehmensführung und des Managements, rationelle Verwaltung von Human- und Finanzressourcen usw.).

> Berechnung des Wirtschaftswachstums: Jährliches BIP

Um das Wirtschaftswachstum zu berechnen oder besser zu messen, wird das Bruttoinlandsprodukt (BIP) als Indikator für die Produktion herangezogen, da es die Summe aller hinzugefügten Werte, der Mehrwertsteuer und der Zölle ist. Das Wachstum entspricht also der Wachstumsrate des BIP, die durch die folgende Formel ausgedrückt wird:

$$\textit{Le taux de croissance} = \left(\frac{\textit{Valeur du PIB au temps } t_2 - \textit{Valeur du PIB au temps } t_1}{\textit{Valeur du PIB au temps } t_1} \right) \times 100$$

Beispiel: Das BIP eines Landes wird im Jahr 2017 auf 10 000 000 000 $ geschätzt. Das geschätzte BIP im Jahr 2019 beträgt 10 260 000 000 $. Berechnen Sie die Wirtschaftswachstumsrate.

Lösung: Wachstumsrate = $= \frac{10\,260\,000\,000 - 10\,000\,000\,000}{10\,000\,000\,000} \times 100 = 2{,}6\,\%$

- **Die Ziele des Wirtschaftswachstums**

Sie lassen sich wie folgt in zwei Punkten zusammenfassen:

o ***Politische und soziale Ziele***

Die auf :

- Die Befriedigung von Bedürfnissen, die von der Wirtschaftsbehörde als unerlässlich erachtet werden.
- Die Wiedererlangung der politischen Unabhängigkeit von der äußeren Hegemonie.
- Die Stärkung der nationalen Freiheit und Entscheidungsgewalt.
- Aktionen, die darauf abzielen, der Politik der Vorherrschaft und der politischen und kulturellen Entfremdung der entwickelten Länder zu entkommen.

o ***Wirtschaftliche Ziele***

Die dem

- Stärkung der wirtschaftlichen Unabhängigkeit.
- Fortschritt und die wirtschaftliche Entwicklung der Bevölkerung.

- **.7 Andere Begriffe**

> Der Wert

Auf der Grundlage von Smiths Arbeit unterscheidet die Ökonomie zwischen dem **Tauschwert** und **dem Gebrauchswert**. So ist *der* Tauschwert der "*Kurs, zu dem eine Ware gegen eine andere Ware getauscht wird ? er entspricht dem Synonym für* den *relativen Preis*", während der Gebrauchswert "*I utility of a good evaluated either in objective and general way (bread provides a certain number of calories), or in subjective way and therefore variable from one individual to another" (Der Nutzen eines Gutes wird entweder auf objektive und allgemeine Weise (Brot liefert eine bestimmte Anzahl von Kalorien) oder auf subjektive und daher von Person zu Person unterschiedliche Weise bewertet). Der Gebrauchswert ist relativ zum Bedürfnis, der Tauschwert relativ zu einem anderen Gut.*" (Echaudemaison, 1989, S. 456)

> Der Marsch

o Was ist ein Marsch?

Der Markt bezeichnet ein Umfeld, in dem das Unternehmen bewertet wird und in dem Angebot und Nachfrage nach einem Gut oder einer Dienstleistung aufeinandertreffen, d. h. hauptsächlich potenzielle Kunden und die Konkurrenz.

Es ist zu beachten, dass ein Markt national, regional, saisonal, konzentriert, diffus, firmeneigen, geschlossen, ambulant usw. sein kann.

> **Angebot und Nachfrage**

In der Wirtschaft bezeichnet der Begriff Angebot die Menge der verfügbaren Produkte oder Dienstleistungen, die zum Verkauf bereitstehen. Das Angebot ist untrennbar mit der Nachfrage verbunden, die sich auf die Menge an Waren oder Dienstleistungen bezieht, die die Verbraucher zu kaufen bereit sind. **Das Angebot** ist die Menge eines Gutes, die die Verkäufer zu einem bestimmten Preis verkaufen wollen.

Nachfrage: Ist der Betrag eines Gutes, der zu bestimmten Preisen über einen bestimmten Zeitraum hinweg gekauft wird. **Marktsystem / Preismechanismus:** Ist die automatische Preisfindung und Ressourcenallokation durch das Funktionieren der Märkte in der Wirtschaft.

Der Preis entspricht der Geldsumme, die Güter bei einer Transaktion ausgetauscht werden.

> **Die Makroökonomie**

Ein Teil der Volkswirtschaftslehre, der sich mit Phänomenen wie Inflation, Arbeitslosigkeit, Zinssätzen, Wachstum, Produktion, Einkommen, Investitionen und Konsum befasst, um einen Überblick über die wirtschaftliche Aktivität in einem Land oder einem geografischen Gebiet zu erhalten. Es ist zu beachten, dass alle diese großen **Wirtschaftsaggregate** miteinander verbunden sind und miteinander interagieren. Die Beherrschung der Makroökonomie ermöglicht es, die Revolution der Geldpolitik einer Zentralbank, der Wirtschafts- und Haushaltspolitik einer Regierung, aber auch die Revolution der Aktienmärkte zu verstehen.

> **Die Mikroökonomie**

Sie unterscheidet sich von der Makroökonomie. Diese Wissenschaft zielt darauf ab, wirtschaftliche Phänomene aus der Sicht der **Wirtschaftssubjekte** zu untersuchen. Wie bereits erwähnt, ist zu beachten, dass alle Elemente (**Wirtschaftsakteure)** miteinander interagieren und bestimmte Verhaltensweisen an den Tag legen, die das Funktionieren des Arbeitsmarktes, der Familie, des Eigentums, des Konsums oder der Besteuerung erklären können. Wenn wir von Wirtschaftsakteuren sprechen, beziehen wir uns auf Haushalte, finanzielle und nicht-finanzielle Unternehmen, öffentliche und private Verwaltungen. Die Mikroökonomie ist also ein Zweig der Wirtschaftswissenschaften, der versucht, die Mechanismen zu verstehen, die bei den Entscheidungen dieser Akteure, der Preisbildung und dem Aufeinandertreffen von Angebot und Nachfrage auf den Märkten eine Rolle spielen.

> **Bank**

Nach dem Larousse-Wörterbuch ist eine Bank ein Finanzinstitut, das Gelder der Öffentlichkeit entgegennimmt, sie zur Durchführung von Kredit- und Finanzgeschäften verwendet und mit dem Angebot und der Verwaltung von Zahlungsmitteln betraut ist. Sie ist rechtlich gesehen ein Finanzinstitut, das dem Währungs- und Finanzgesetz einer Region unterliegt. Die Hauptfunktion der

Bank besteht darin, Finanzdienstleistungen anzubieten, wie z. B. das Einsammeln von Spargeldern, die Entgegennahme von Geldeinlagen, die Vergabe von Krediten und die Verwaltung von Zahlungsmitteln.

Die Banken sind auf ihre Haupttätigkeiten und Kunden spezialisiert. Es kann sich dabei um eine: ***Dotbank handeln,*** diese Art von Bank nimmt die Ersparnisse ihrer Kunden entgegen und vergibt Kredite (dies ist der bekannteste Bankensektor).

Investmentbank, die sich mit der Beratung und Finanzierung von Unternehmen befasst. Sie betreibt auch Geschäfte auf den Finanzmärkten.

Eine Privatbank, die auf die Verwaltung großer Portfolios spezialisiert ist. Diese Art von Bank bietet hochwertige Dienstleistungen für die Verwaltung von Vermögen mit hohem Wert.

Darüber hinaus kann eine Bank auch andere Dienstleistungen anbieten, z. B. Versicherungen, Versicherungen auf Gegenseitigkeit oder Bürgschaften.

> **Der Kredit**

Ein Kredit kann als Vorschuss auf einen Geldbetrag definiert werden. Es handelt sich um eine Finanztransaktion, die von einer Bank oder einem anderen Kreditinstitut durchgeführt werden kann. Er besteht darin, einem Kunden, der eine natürliche oder juristische Person sein kann, Ressourcen zur Verfügung zu stellen. Im Gegenzug verpflichtet sich der Schuldner, die Summe bis zu einem bestimmten Zeitpunkt zurückzuzahlen und dem Gläubiger eine Vergütung in Form von Zinsen zu zahlen. Dazu kommen noch verschiedene Zusatzkosten, aus denen sich der Gesamtzinssatz des Kredits errechnet. Es sei darauf hingewiesen, dass die Bedingungen für den Zugang zu einem Kredit vor allem vom Vertrauen des Gläubigers in die Rückzahlungsfähigkeit des Schuldners abhängen. Je höher dieses Vertrauen ist, desto vorteilhafter sind die Vertragsbedingungen für den Kreditnehmer und umgekehrt.

o **Der Schuldner:** In einfacher Sprache bedeutet er die Person, die etwas schuldet, und hat als Synonym den Kreditnehmer.

o **Gläubiger:** Dieser Begriff bezieht sich auf die Person, der man Geld oder eine andere Art von Rückzahlung schuldet.

Illustration: Ein Schuldner geht eine Schuld bei einem Gläubiger ein, z. B. bei einer Bank. Diese Schuld wird als Forderung bezeichnet.

Im Allgemeinen unterscheidet man zwei Arten von Krediten: **Verbraucherkredite** und **Immobilienkredite**.

o Der **Konsumentenkredit**: Er hat eine kurzfristige Laufzeit. Er dient der Finanzierung von Ausgaben des täglichen Lebens und von Anschaffungen im weitesten Sinne. Beispiele sind ein Auto, ein Boot etc.

o Der **Immobilienkredit:** Dies ist ein langfristiger Kredit, etwa 10 bis 15 Jahre oder sogar noch länger. Er dient dazu, den Kauf eines Grundstücks oder einer Wohnung oder auch Renovierungs- oder

Umbauarbeiten zu finanzieren.

Hinzu kommt noch der **Schul-** oder **Universitätskredit**. Dabei handelt es sich um ein kurzfristiges Darlehen mit einer Laufzeit von bis zu zehn Monaten. Mit diesem Kredit können Eltern das Schulmaterial und die Schulgebühren für ihre Kinder auf einen Schlag bezahlen.

> **Schulden**

Schulden werden gemeinhin als ein Geldbetrag definiert, den eine natürliche oder juristische Person einer anderen Person schuldet, nachdem sie ihn von ihr geliehen hat. In der Geschäftswelt sind Schulden oft ein Mittel, das zur Finanzierung von Operationen oder Investitionen verwendet wird. Es wird zwischen betrieblichen Schulden, die oft kurzfristig sind, und finanziellen Schulden unterschieden, wobei es sich bei letzteren in der Regel um Bankkredite handelt, für die Zinsen gezahlt werden. Es ist zu beachten, dass die Aufnahme von Schulden in den meisten Fällen darauf abzielt, die Produktion eines Unternehmens zu verbessern, und die Rückzahlung daher zeitlich gestaffelt ist. Im Vergleich zu einem Staat riskiert ein Unternehmen, das seine Schulden nicht mehr zurückzahlen kann, ein Gerichtsverfahren, das zur Einstellung der Geschäftstätigkeit führen kann. Bei Privatpersonen kann die Verschuldung von der Aufnahme eines kleinen Geldbetrags zur Finanzierung eines Investitionsguts bis hin zur Vervielfachung von Krediten reichen, was zu einer Überschuldung führen kann.

> **Das Darlehen**

Ein Kredit entspricht einem Geldbetrag, der von einem Unternehmen geliehen wird, das sich bereit erklärt, ihn innerhalb eines abbezahlten Zeitraums zurückzuzahlen.
Es gibt verschiedene Arten von Darlehen.

1. ***Das Darlehen mit Pauschalzahlung***: Es ermöglicht dem Kreditnehmer, die Höhe des am Ende der Laufzeit zu zahlenden Kapitals auszuhandeln. Beispiel: Ein Darlehen von 100.000, das in 5 Jahren zurückgezahlt werden muss.
2. ***das Darlehen mit floatendem oder variablem Zinssatz***,

3. ***Besichertes Darlehen***: Hier hat der Gläubiger, der das Darlehen gewährt, ein gesetzliches Recht auf die Vermögenswerte des Schuldners. Wenn dieser in Zahlungsverzug gerät, kann der Gläubiger die Vermögenswerte in Bargeld umwandeln, um sich auszuzahlen.
4. Der Zinssatz bleibt hier **für** die gesamte Laufzeit des Darlehens gleich. Zum Beispiel könnte man ein Darlehen mit einer Tilgung von 17 Jahren und einer Laufzeit von drei Jahren haben. Innerhalb dieser drei Jahre wird der Zinssatz "eingefroren".

■ **Fiscalite**

Sie bezeichnet die Gesamtheit der Regeln, Gesetze und Maßnahmen, die den Steuerbereich eines

Landes regeln. Sie umfasst die Praktiken, die ein Staat oder eine Gebietskörperschaft anwendet, um Steuern und andere Zwangsabgaben einzutreiben. Es ist wichtig zu beachten, dass die Besteuerung eine entscheidende Rolle für die Wirtschaft eines Landes spielt. Sie trägt zur Finanzierung der Bedürfnisse eines Landes bei und ist der Grund für öffentliche Ausgaben (Autobahnbau, Bau von öffentlichen Gebäuden usw.).

- **Finanzen**

Die Finanzwissenschaft ist die Untersuchung der optimalen Allokation von Vermögenswerten (Investitionen, die eine Organisation oder Einzelpersonen tätigen müssen, um im Laufe der Zeit möglichst hohe Renditen zu erzielen). Der Schwerpunkt liegt auf Geldströmen, Zinsschwankungen, Preissteigerungen und -senkungen, Marktveränderungen usw. Es geht vor allem um drei Elemente: **Geld, Zeit und Risiko.**

o Die Finanzbranchen :

Persönliche Finanzen: Sie beziehen sich auf das Einkommen und die Ausgaben einer Person oder eines Haushalts, wobei natürlich auch die Ersparnisse, Investitionen und der von ihnen ausgegebene Betrag berücksichtigt werden. ***Öffentliche Finanzen***: Sie beziehen sich auf die Aktivitäten der Regierung in der Wirtschaft, d. h. ihre Einnahmen aus verschiedenen Quellen wie Steuern, Strafen, Abgaben, Zölle usw. und ihre Ausgaben für den Ausbau von Straßen, Flughäfen, Bildung, Kanalisation und viele andere Entwicklungsaktivitäten.

*Corporate **Finance:*** auch *Corporate Finance* oder *Business Finance* genannt. Sie befassen sich mit der Verwaltung der Gelder einer Organisation, so dass der Reichtum des Unternehmens maximiert wird und dadurch der Wert der Aktien auf dem Markt steigt.

o Unterschied zwischen Finanzen und Wirtschaft

Die Hauptunterschiede zwischen Wirtschaft und Finanzen lassen sich wie folgt darstellen:

- *Die Wirtschaft befasst sich mit der Produktion, dem Konsum, dem Austausch von Waren und Dienstleistungen sowie dem Transfer von Wohlstand, während sich die Finanzwirtschaft mit der optimalen Verwendung der Mittel einer Organisation befasst, um die Investition noch rentabler zu machen.*
- *Die Wirtschaft ist nicht Teil der Finanzwirtschaft, sondern die Finanzwirtschaft ist Teil der Wirtschaft.*
- *Die Wirtschaftswissenschaft konzentriert sich vor allem auf den Geldwert der Zeit, d. h. die Summe des Geldes, das eine Person ausgeben kann, um "Zeit" zu kaufen. Die Finanzwirtschaft konzentriert sich auf den Zeitwert des Geldes, d.h. eine Rupie heute ist mehr wert als eine Rupie ein Jahr später.*

- *Die Wirtschaftswissenschaften erläutern die Faktoren, die zu einem Überschuss oder Defizit an Waren und Dienstleistungen führen, was sich auf die gesamte Gesellschaft auswirkt, während die Finanzwissenschaften die Gründe für Zinsschwankungen, Preisschwankungen bei allen Rohstoffen, Ein- und Auszahlungen usw. erläutern.*
- *Die Wirtschaftswissenschaften sind eine Sozialwissenschaft, die sich mit der Verwaltung von Waren und Dienstleistungen befasst, aber die Finanzwissenschaft ist eine Wissenschaft, die sich mit der Verfügung und Verwaltung von Geldmitteln (Darlehen, Sparen, Ausgaben, Investitionen usw.) befasst.*
- *Die Wirtschaft zielt auf die Optimierung von Ressourcen begrenzter Natur ab, während die Finanzwirtschaft auf die Maximierung des Wohlstands abzielt (https://fr.gadget-info. com/difference-between-economics).*
- Aktiva und Passiva

Das Vermögen eines Unternehmens besteht aus zwei Teilen, nämlich den Aktiva und den Passiva: Aktiva und Passiva. Die Aktiva und Passiva sind die wichtigsten Bestandteile eines Unternehmens. Sie sind für die Buchhaltung von entscheidender Bedeutung.

Zu den Aktiva gehören alle Güter und Rechte, die ein Unternehmen besitzt, wie z. B. Gebäude, Firmenwerte, Material, Forderungen und Patente.

Es muss zwischen dem Anlagevermögen, d. h. dem Geschäftswert, der Ausstattung und insbesondere dem Umlaufvermögen unterschieden werden, das aus Vorräten, Personal, Forderungen und Bankguthaben besteht. Die Aktiva haben einen positiven wirtschaftlichen Wert, da sie den Zufluss von Ressourcen darstellen.

Die Passiva bestehen aus dem Eigenkapital: Mittel, die das Unternehmen besitzt und die von den Gesellschaftern eingezahlt wurden. Sie bestehen aus dem Stammkapital (die von den Gesellschaftern bei der Gründung des Unternehmens investierten Beträge), den Rücklagen (nicht ausgeschüttete Gewinne) oder dem Nettoergebnis des Unternehmens (was das Unternehmen in einem Geschäftsjahr verdient und verloren hat). Das Unternehmen hat eine Bilanzsumme, die sich aus den Verbindlichkeiten (Anlagevermögen) und den Schulden (Umlaufvermögen) zusammensetzt.

Im Gegensatz zu den Aktiva haben die Passiva einen negativen wirtschaftlichen Wert, da sie den Abfluss von Ressourcen darstellen.

II. 1. Der Einfluss der Chemie auf die Weltwirtschaft: die Zahlen

Die Chemie als Disziplin war und ist auch ein wichtiger Beitrag zum Reichtum, zum Wohlstand und zur Gesundheit der Menschheit. In den letzten 5000 Jahren war es die Chemie, die mehr als jede andere Disziplin unsere globale Zivilisation ermöglicht hat.

Die ersten Zivilisationen lernten, einfache Metalle abzubauen und zu verarbeiten, was zu militärischer und möglicherweise auch wirtschaftlicher Überlegenheit führte. Ebenso gewannen die Zivilisationen, die das Schießpulver entdeckten, in vielen Teilen der Welt an Vorherrschaft.

Innovationen wie die Entwicklung von speziellen Zementen, Mörteln und später von Beton, Glas und Plastik ermöglichten eine massive Urbanisierung.
Die industrielle Revolution wurde durch die rasche Verbesserung des Verständnisses der Verbrennung und der Thermodynamik fossiler Brennstoffe ermöglicht. Dies führte zu globalen Machtverschiebungen hin zu den Ländern, die diese Innovationen im industriellen Maßstab umsetzen konnten.
Im Jahr 2014 machte die globale chemische Industrie 4,9 Prozent des weltweiten BIP aus und die Branche hatte ein Bruttoeinkommen von 5,2 Billionen US-Dollar. Das entspricht 800 US-Dollar für jeden Mann, jede Frau und jedes Kind auf diesem Planeten.
Wir gehen davon aus, dass die Chemie auch im 21. Jahrhundert die Richtung des technologischen Wandels bestimmen wird. So wird die chemische Forschung und Entwicklung beispielsweise zur Energieeffizienz von LEDs, Solarzellen (link is external), Batterien für Elektrofahrzeuge (link is external), Wasserentsalzung (link is external), Biodiagnostik, fortschrittlichen Materialien für nachhaltige Bekleidung, Luft- und Raumfahrt, Verteidigung, Landwirtschaft, Nanotechnologie (link is external), additiver Fertigung (link is external) sowie Gesundheit und Medizin beitragen.

o ***Amerika***

Die Chemie ist für unsere Wirtschaft von entscheidender Bedeutung und spielt eine lebenswichtige Rolle bei der Schaffung revolutionärer Produkte, die unser Leben und unsere Welt gesünder, sicherer, nachhaltiger und produktiver machen.
Hier einige Zahlen
486 Milliarden Dollar, die jährlich von der chemischen Industrie erwirtschaftet werden;
529.000 qualifizierte und gut bezahlte Arbeitsplätze werden von den Chemieunternehmen bereitgestellt;
J Mehr als 25% des US-amerikanischen BIP werden vom Chemiesektor getragen ;
J 13% aller Chemikalien werden in den USA hergestellt, die als zweitgrößter Produzent der Welt gelten;
J 9% der US-amerikanischen Warenexporte stammen aus dem Chemiesektor, was einem Wert von 125 Milliarden US-Dollar im Jahr 2020 entspricht;
J Darüber hinaus sind mehr als 96 % aller Produkte der verarbeitenden Industrie direkt vom Chemiesektor betroffen;
Diese Zahlen belegen die Bedeutung der chemischen Industrie in diesem Teil der Welt (Data & Industry Statistics (americanchemistry.com)).

o *Frankreich*

Die chemische Industrie ist ein wichtiger Bestandteil der französischen Wirtschaft, da sie einen Umsatz von 68,4 Milliarden Euro erwirtschaftet. Ihre Wertschöpfung betrug im Jahr 2020 18,6

Milliarden Euro (einschließlich pharmazeutischer Wirkstoffe). Tatsächlich macht die Chemiebranche mehr als 8% der gesamten Wertschöpfung des verarbeitenden Gewerbes in Frankreich aus und steht damit an dritter Stelle hinter der Lebensmittel- und der Metallindustrie. Die Chemieindustrie ist mit einem Auslandsumsatz von 57 Milliarden Euro der größte Exportsektor in Frankreich, vor der Lebensmittelindustrie (47 Milliarden Euro) und der Luft- und Raumfahrtindustrie (35 Milliarden Euro). Darüber hinaus ist die französische Chemieindustrie ein wichtiger Arbeitgeber. In den 3.000 registrierten Unternehmen sind rund 168.420 hochqualifizierte Personen direkt beschäftigt, was mehr als 6 % der Beschäftigten in der französischen Industrie entspricht (https://www.entreprises.gouv.fr/fr/l-industrie-chimique-france).

J Vereinigtes Königreich

Die chemische Industrie trägt jährlich 18 Milliarden Pfund Sterling (ca. 20,6 Milliarden Euro) zum Wert der Wirtschaft des Vereinigten Königreichs bei. Sie ist der größte Exporteur von verarbeiteten Waren des Landes, da dieses Segment 6,8% der Bruttowertschöpfung des verarbeitenden Gewerbes ausmacht. Es ist anzumerken, dass englische chemische Erzeugnisse 4,5% der exportierten Güter ausmachen. Es handelt sich um einen Sektor mit hohen Investitionen, die sich auf bis zu 4,3 Milliarden Pfund Sterling oder etwa 5 Milliarden Euro belaufen. Die chemische Industrie des Vereinigten Königreichs ist eine wichtige Quelle für Beschäftigung (Market Monitor Chemicals UK 2018 | Atradius).

J Japan

Die Gesamtversandmenge und der Wertschöpfungsbetrag der chemischen Industrie, einschließlich Kunststoff- und Gummiprodukten, beliefen sich 2017 auf 44 Billionen Yen bzw. 17 Billionen Yen, womit sie als zweitgrößte Industrie, die zur japanischen Wirtschaft beiträgt, gefolgt von Transportmaschinen, eingestuft wurde. Mit einer Beschäftigtenzahl von rund 920.000. Dies lässt den Schluss zu, dass diese Industrie das Leben der Menschen und auch die Beschäftigung erheblich unterstützt. (https://www.nikkakyo.org/sites/default/files).

> ***Die indische Chemieindustrie***

Indien ist eines der Länder, in denen die chemische Industrie stark diversifiziert ist. Die chemische Industrie umfasst mehr als 80.000 Handelsprodukte. Diese Produkte können in Massenchemikalien, Spezialchemikalien, Agrochemikalien, Petrochemikalien, Polymere und Düngemittel unterteilt werden.

Das Land ist ein wichtiger globaler Lieferant von Farbstoffen und produziert etwa 16% der weltweiten Farbstoffproduktion. Experten sind sich einig, dass die indische Chemieindustrie bis 2025 einen Wert von 304 Milliarden US-Dollar erreichen wird. Darüber hinaus steht Indien bei den Exporten von Chemikalien (ohne pharmazeutische Produkte) weltweit an 14. und bei den Importen an 8. Es ist anzumerken, dass die chemische Industrie in Indien über 2 Millionen Menschen beschäftigt (Chemische Industrie in Indien - Investitionen, Politik und Märkte). (investindia.gov.in).

> ***China***

Die traditionelle Chemie auf der Basis von Kohle, Metallerzen, Salz und organischen Verbindungen macht 48 % der Gesamtmenge aus, gefolgt von Petrochemie und Erdgas (20 %), Pharmazie (17 %), Chemiefasern (9 %) und Rohstoffen (6 %). Der Gesamtproduktionswert der chinesischen Chemieindustrie wächst jährlich um 8 bis 9 %. In China sind davon mehr als 10.000 Joint Ventures. Etwa 30 Milliarden US-Dollar werden jedes Jahr in die chinesische Chemieindustrie investiert, wobei ausländische Investitionen 55 bis 60 % dieses Betrags ausmachen. Es gibt fast 80 verschiedene chemische Werte auf dem Markt, oder 137, wenn man auch die Petrochemie und die Faserindustrie mit einbezieht. Die Importe und Exporte steigen ebenfalls schnell an, wobei sich die Importe seit 2001 auf 32,75 Milliarden US-Dollar (14% des Gesamtvolumens) und die Exporte auf 19,45 Milliarden US-Dollar belaufen. Obwohl diese Fakten beeindruckend sind, gibt es noch einige Probleme zu lösen, insbesondere das hohe Sicherheitsrisiko.
(https://dechema.de/dechema media/Downloads/Presse/S014 016 M5 910-p-988.pdf) .

> ***Kamerun***

Die Industrieproduktion im Bereich Chemie in Kamerun wird auf 5% geschätzt, was etwa 100 Millionen Euro pro Jahr entspricht. Die wichtigsten Sektoren vor Ort sind die organische Chemie (Verarbeitung von Kunststoffen), die Parachemie (Seifen und Waschmittel, Kosmetika, Farben, Reinigungsmittel, Klebstoffe, Pflanzenschutzmittel usw.) und in gewissem Umfang die Pharmazie (Verpackung von Medikamenten und anderen gesundheitsfördernden Präparaten). Der Großteil der Industrie ist nach wie vor auf die Herstellung einfacher Produkte auf der Grundlage importierter Rohstoffe ausgerichtet, was sie zu einer vollständig vom Ausland abhängigen Industrie macht. Die Ergebnisse dieses Sektors sind größtenteils für den regionalen Markt bestimmt, der sich auf Zentral- und Westafrika verteilt, und in gewissem Maße auch für den europäischen Markt.
Die Importrechnung besteht hauptsächlich aus Kraftstoffen und Schmierstoffen (16%), chemischen Erzeugnissen (13%), darunter pharmazeutische Erzeugnisse (5%), Maschinen und mechanische oder elektrische Geräte, Reis, Weizen und Mehl.
Der Markt für chemische Produkte in Kamerun ist größtenteils auf Importe angewiesen. Allein im Jahr 2021 werden schätzungsweise 365.000 Tonnen Industriechemikalien importiert (Cameroon External Trade Report for the First Semester 2021).
In diesem Sektor gibt es etwa 25 Unternehmen mit mehr als 1 700 Beschäftigten. Es handelt sich dabei um Industriezweige wie Seifen- und Waschmittelfabriken, Parfümerien, Farbenhersteller und eine embryonale Pharmaindustrie. Es ist bemerkenswert, dass die Seifenindustrie die dynamischste Industrie ist. Neben dem führenden Unternehmen CCC wurden in den letzten Jahren mehr als zehn Seifenfabriken in Yaounde, Douala und Bafoussam gegründet (Daten zu den verschiedenen Industrien werden vom Premierminister Kameruns zur Verfügung gestellt).

III. Chemie und Aktien an der Börse

Definition: Was ist die Börse?

Der Begriff "Aktienmarkt" bezieht sich oft auf einen der wichtigsten Aktienindizes, wie z. B. den *Dow Jones Industrial Average* (***Dow***) oder den *Standard & Poor's 500* (***S&P***).

Wenn Sie Aktien eines staatlichen Unternehmens kaufen, erwerben Sie einen kleinen Teil dieses Unternehmens. Da es schwierig ist, jedes einzelne Unternehmen zu verfolgen, umfassen die ***Dow-*** und *S&P-Indizes* einen Teil des Aktienmarktes und ihre Leistung wird als repräsentativ für den gesamten Markt angesehen.

Normalerweise kaufen Sie Aktien online über den Börsenmarkt, zu dem jeder mit einem Maklerkonto, einem Roboterberater oder einem Rentenplan für Angestellte Zugang hat. Man muss nicht offiziell ein "Investor" werden, um an der Börse zu investieren, da dies meist jedem offen steht.

Wie funktioniert die Börse?

Das Konzept hinter der Funktionsweise des Aktienmarktes ist recht einfach. Der Aktienmarkt ermöglicht es Käufern und Verkäufern, Preise auszuhandeln und Geschäfte zu machen.

Der Aktienmarkt funktioniert über ein Handelsnetzwerk - vielleicht haben Sie schon einmal von der New Yorker Börse oder der Nasdaq gehört. Unternehmen melden ihre Aktien durch einen Prozess an, der als Initial Public Offering (IPO) oder Börsengang bezeichnet wird. Investoren kaufen diese Aktien, wodurch das Unternehmen Geld aufbringen kann, um sein Geschaft zu erweitern. Die Investoren konnen diese Aktien dann untereinander kaufen und verkaufen, und die Borse verfolgt Angebot und Nachfrage nach jeder notierten Aktie.

Dieses Angebot und diese Nachfrage helfen dabei, den Preis eines jeden Wertpapiers oder die Niveaus zu bestimmen, auf denen die Akteure auf dem Aktienmarkt - Investoren und Händler - bereit sind, zu kaufen oder zu verkaufen.

Käufer bieten ein "Angebot" oder den höchsten Betrag, den sie zu zahlen bereit sind, der in der Regel niedriger ist als der Betrag, den die Verkäufer im Gegenzug "verlangen". Diese Differenz wird als Käufer-Verkäufer-Spanne bezeichnet. Damit ein Handel zustande kommt, muss ein Käufer seinen Preis erhöhen oder ein Verkäufer seinen Preis senken.

All das mag kompliziert klingen, aber Computeralgorithmen führen in der Regel die meisten Berechnungen zur Preisfeststellung durch. Beim Kauf von Aktien werden Sie auf der Website Ihres Brokers Angebot, Nachfrage und Angebot-Nachfrage aufgeteilt sehen, aber in vielen Fällen wird der Unterschied nur ein paar Cent betragen und für Anfänger und langfristige Anleger nicht sehr beunruhigend sein.

Was ist die Börsenvolatilität?

An der Börse zu investieren ist mit Risiken verbunden, aber mit den richtigen Anlagestrategien kann dies sicher und mit einem minimalen Risiko langfristiger Verluste geschehen. Das Daytrading, bei dem man Aktien aufgrund von Kursschwankungen schnell kaufen und verkaufen muss, ist extrem risikoreich. Im Gegensatz dazu hat sich das langfristige Investieren an der Börse als eine hervorragende Möglichkeit erwiesen, langfristig ein Vermögen aufzubauen.

Der S&P 500 hat zum Beispiel eine historisch durchschnittliche annualisierte Gesamtrendite von etwa 10% vor Inflationsbereinigung. Allerdings wird der Markt diese Rendite selten von einem Jahr zum anderen liefern. In manchen Jahren kann der Aktienmarkt mit einem deutlichen Rückgang enden, in anderen mit einem enormen Anstieg. Diese starken Schwankungen sind auf die Volatilität des Marktes oder auf Zeiten zurückzuführen, in denen die Aktienkurse unerwartet steigen und fallen.

In Mist investieren

Chemikalien befinden sich in dem Auto, das Sie fahren, in der Kleidung, die Sie tragen, und in fast allem anderen. Die globale Chemieindustrie ist mit einem Gesamtjahresumsatz von fast 4 Billionen US-Dollar riesig. Jeder Markt dieser Größe bietet Anlegern Chancen.

Es gibt eine Reihe von hochkapitalisierten Unternehmen in der chemischen Industrie, die die Aufmerksamkeit der Anleger auf sich ziehen. Doch auch einige kleinere Unternehmen bieten ein großes Wachstumspotenzial. Hier sind fünf gro?e Chemieunternehmen.

o ***Atmosphärische und chemische Produkte***

Air Products & Chemicals verkauft Chemikalien und Gase für den industriellen Gebrauch. Das Unternehmen vermarktet Produkte, die von mehr als 170.000 Kunden verwendet werden. Diese Kunden sind in einer Vielzahl von Branchen tätig, darunter Elektronik, Lebensmittel und Getränke, Fertigung, Metall und Raffinerie. Air Products & Chemicals ist auch der weltweit führende Anbieter von Technologien zur Verarbeitung von Flüssigerdgas.

o ***Dow***

Dow wurde 1897 gegründet und ist eines der ältesten Chemieunternehmen der Welt. Die Produkte des Unternehmens umfassen Beschichtungen, industrielle Zwischenprodukte (Chemikalien, die von anderen Industrien verwendet werden), Kunststoffe und Silikone. Dow hat sich 2019 umstrukturiert, um das Geschäft zu rationalisieren, und positioniert das Unternehmen als Marktführer in Bezug auf den Marktanteil bei 14 Schlüsselchemikalien.

o ***DuPont***

DuPont ist sogar noch älter als Dow, seine Gründung geht auf die frühen 1800er Jahre zurück. Die Produkte des Unternehmens werden von Kunden in einer Vielzahl von Branchen verwendet, darunter Bauwesen, Elektronik, Gesundheit, Transport und Arbeitssicherheit.

Wie Dow hat auch DuPont viele Veranderungen durchgemacht. Das heutige Unternehmen war eine von drei Abteilungen von DowDupont, die sich im Zuge der Neuorganisation 2019 trennten. Im Februar 2021 verkaufte DuPont die Bereiche Nutrition und Biowissenschaften, und die Einheit fusionierte mit International Flavors & Fragrances (NYSE: IFF).

o ***Huntsman Corporation***

Huntsman erwirtschaftet fast 60 % seines Gesamtumsatzes mit dem Verkauf von Polyurethanprodukten, darunter Dämm- und Baumaterialien. Huntsman stellt auch Chemikalien und Kraftstoffmaterialien, Schmiermittelzusätze, Klebstoffe, Beschichtungen, Kleidung, Möbel usw. her.

o ***Tronox Holdings***

Tronox ist der weltweit erste vertikal integrierte Hersteller von Titandioxidpigmenten. Das Unternehmen betreibt Bergbaubetriebe in Australien, Brasilien und Südamerika. Diese Betriebe liefern Rohstoffe, die zur Herstellung von Titandioxidpigmenten verwendet werden, die in Farben, Papier, Kunststoffen und anderen Produkten verwendet werden.

Was ist der Aktienmarkt und wie funktioniert er? - NerdWallet

Wie man den Preis eines zu synthetisierenden Moleküls auf dem Markt abschätzt

o **Preis für chemische Elemente**

Seit 2020 ist das teuerste nicht-synthetische chemische Element nach Masse und Volumen Rhodium. Es wird gefolgt von Cesium, Iridium und Palladium nach Masse und Iridium, Gold und Platin nach Volumen. Kohlenstoff in Form von Diamanten kann teurer sein als Rhodium. Die Kilopreise einiger synthetischer Radioisotope belaufen sich auf Billionen von Dollar.

Chlor, Schwefel und Kohlenstoff (wie Kohle) sind in der Masse am billigsten. Wasserstoff, Stickstoff, Sauerstoff und Chlor sind bei Atmosphärendruck volumenmäßig am billigsten.

Wenn es keine öffentlichen Daten über das Element in seiner reinen Form gibt, wird der Preis einer Verbindung pro Masse des enthaltenen Elements verwendet. Damit werden implizit der Wert der anderen Bestandteile der Verbindungen und die Kosten für die Extraktion des Elements auf Null gesetzt. Bei Elementen, deren radiologische Eigenschaften wichtig sind, werden die einzelnen Isotope und Isomere aufgelistet. Die Liste der Preise von Radioisotopen ist nicht vollständig (Wikipedia.com).

o **Preis eines Moleküls**

Die Beziehung zwischen der Struktur und einer Eigenschaft einer chemischen Verbindung ist ein wesentliches Konzept in der Chemie, das beispielsweise die Gestaltung von Arzneimitteln leitet. In der Tat benötigen wir jedoch wirtschaftliche Überlegungen, um das Schicksal von Medikamenten auf dem Markt richtig zu verstehen. Wir führen hier zum ersten Mal die Erforschung quantitativer Struktur-Ökonomie-Beziehungen (QSER) für einen großen Datensatz aus einer kommerziellen Bausteine-Bibliothek mit mehr als 2,2 Millionen Chemikalien durch. Diese Erhebung lieferte molekulare Statistiken, die zeigen, dass das, was wir im Durchschnitt bezahlen, die Menge des Stoffes ist. Andererseits wird auch der Einfluss von synthetischen Verfügbarkeits-Scores aufgedeckt. Und schließlich kaufen wir Stoffe, indem wir uns Molekulardiagramme oder Molekularformeln ansehen. So erscheinen Moleküle mit einer größeren Anzahl von Atomen attraktiver und sind im Durchschnitt auch teurer. Unsere Studie zeigt, wie die Gruppierung von Daten als informative Methode bei der Analyse von Megadaten in der Chemie eingesetzt werden könnte.

Ein Beispiel für eine Transaktion zwischen einem Biotech-Start-up und einem Pharmakonzern

"Innate Pharma S.A., ein *französisches biopharmazeutisches Unternehmen, und Novo Nordisk, ein internationaler Pharmakonzern dänischen Ursprungs, gaben heute die Unterzeichnung einer strategischen Partnerschaft bekannt, die sich mit der Entwicklung neuer Medikamente befasst, die auf die Natural Killer (NK)-Zellen abzielen, die die erste Verteidigungslinie des Körpers gegen Tumore und Infektionen darstellen. Die Parteien verpflichten sich, mindestens drei Jahre lang bei der*

Entwicklung neuer Moleküle - hauptsächlich Antikörper - zusammenzuarbeiten, die die Aktivität der NK-Zellen stimulieren oder hemmen können. Obwohl die Vereinbarung alle therapeutischen Indikationen abdeckt, werden die Arzneimittelkandidaten vorrangig für die Behandlung von Krebs, Autoimmun- und Infektionskrankheiten entwickelt. Die Zusammenarbeit zielt darauf ab, jeden Arzneimittelkandidaten bis zum Abschluss der präklinischen Studien zu begleiten, wenn Novo Nordisk die Verantwortung für die klinische Entwicklung und die regulatorischen Studien übernimmt.

Während eines Zeitraums von drei Jahren wird ***Innate Pharma*** *für seinen Beitrag einen Gesamtbetrag von etwa 25 Millionen Euro erhalten, der eine sofortige Zahlung bei Unterzeichnung, Forschungs- und Entwicklungsfinanzierung und gestaffelte Meilensteinzahlungen zu verschiedenen Zeitpunkten der vorklinischen Entwicklung umfasst.* ***Innate Pharma*** *wird auch von Vergütungen in wichtigen Entwicklungsphasen und bei regulatorischen Meilensteinen (bis zu 25 Millionen Euro pro Arzneimittelkandidat, vom ersten Antrag auf Genehmigung des Beginns klinischer Studien bis zum ersten Verkauf) sowie von Lizenzgebühren (Royalties) auf zukünftige Arzneimittelverkäufe profitieren." (Quelle: http://www.innate-pharma.com/sites/default/files/cp novonordisk innate06.pdf).*

Das Ziel dieses Kapitels war es, den Chemiker mit wichtigen Begriffen der Wirtschaft vertraut zu machen und kurz zu zeigen, wie groß der Einfluss der Chemie auf die Weltwirtschaft ist. Wir hoffen, dass wir mit diesem Kapitel die Sichtweise eines Chemieunternehmers, der mit Wirtschaftsinformationen konfrontiert wird, in ihm geweckt haben. Das Ziel war, dass er bei der Gründung seines Unternehmens mit bestimmten Konzepten vertraut ist.

Kapitel VI
Der Chemiker und das Unternehmertum

Die heutige Welt zwingt den Absolventen dazu, nicht mehr an einen Arbeitsplatz, sondern an das Unternehmertum zu glauben. Diese Situation ist auch demjenigen nicht fremd, der den Beruf des Chemikers anstrebt. Es stimmt zwar, dass die Chemie in vielen verschiedenen Branchen zu finden ist, aber es gibt immer noch das Problem, dass Angebot und Nachfrage nach Arbeitsplätzen nicht übereinstimmen. Warum also nicht den Weg des Unternehmers einschlagen, fragt sich der Chemiker, und darum geht es in diesem Kapitel. In diesem Kapitel geht es darum, Begriffe wie Chemie, Unternehmertum und Chemieunternehmer zu definieren. Es geht darum, dem Chemiker das Rüstzeug zu geben, damit er unternehmerisch tätig werden kann, und ihm einige Tipps in diesem Sinne für den Beruf des Chemieunternehmers zu geben.

I. Definition und Konzepte
> Chemie

Die Chemie ist eine experimentelle Wissenschaft, die sich mit der Zusammensetzung der Materie und ihren Umwandlungen befasst. Sie befasst sich mit den Elementen, aus denen die Materie besteht - Atome, Ionen usw. -, mit ihren Eigenschaften und den chemischen Bindungen, die zwischen ihnen entstehen können.

Die Chemie ist die Wissenschaft, die alles untersucht, was den Menschen im Sinne von Aussehen, Farbe, Geruch und Veränderungen umgibt. Zum besseren Verständnis untersucht die Chemie Phänomene wie die Veränderung der Farbe eines Baumblattes, den Geruch, der von verrottetem Rindfleisch ausgeht, den sauren Charakter von Früchten oder die Erklärung für Rost auf einem Blech usw.

Chemische Umwandlungen entsprechen den Umwandlungen von Materie. Sie beinhalten Veränderungen an den äußeren Elektronenschichten, da das Atom (der Baustein der Materie) aus einem Kern und Elektronen besteht. Diese chemischen Umwandlungen haben verschiedene Namen und werden u. a. als chemische Reaktionen (Redox, Säure-Base-Reaktion...), Ionisation usw. bezeichnet.

Die Chemie verwendet eine Reihe von Formeln, die eine einfache Darstellung von Molekülen (Anordnung der Atome) ermöglichen. Diese Formeln werden auch in chemischen Gleichungen verwendet (symbolische Darstellungen chemischer Umwandlungen).

Es ist hier angebracht, darauf hinzuweisen, dass es in der Chemie mehrere Disziplinen gibt, die Gemeinsamkeiten haben, sich aber mit unterschiedlichen Themen befassen:

o organische Chemie, die sich mit kohlenstoffhaltigen Elementen außer CO_x (Kohlendioxid, Kohlenmonoxid, Cyanid, Carbonate) befasst

o anorganische Chemie, die andere Moleküle als die, die das Element Kohlenstoff enthalten, untersucht;
o die analytische Chemie befasst sich mit der Identifizierung von chemischen Substanzen ;
o die Biochemie, die Reaktionen untersucht, an denen biologische Medien oder Objekte (Zellen, Proteine usw.) beteiligt sind;
o Astrochemie konzentriert sich auf die chemischen Elemente, die man im fernen Universum findet, etc.

> **Der Chemiker**

Ein **Chemiker** ist ein Wissenschaftler, der sich mit Chemie befasst. Wie jeder Wissenschaftler hat auch der Chemiker eine experimentelle und eine theoretische Tätigkeit. Faraday, auch "Prinz der Experimentatoren" genannt, war der Chemiker, der für die Entdeckung von Benzol verantwortlich war.
Der Begriff "Chemiker" wird in vielen Ländern als Berufsbezeichnung angesehen und die Gesetze, die diese Bezeichnung regeln, sind von Land zu Land unterschiedlich. In den USA zum Beispiel gilt als Chemiker, wer einen Bachelor-Abschluss in Chemie hat. Um als Chemiker zu gelten, muss man also mindestens einen vierjährigen Bachelor-Abschluss in Chemie vorweisen können.

Um in Großbritannien als Chemiker anerkannt zu werden, müssen Sie einen Bachelor- oder Masterabschluss erwerben. Dies setzt voraus, dass Sie 300 Stunden praktischen Chemieunterricht für den *Bachelor und* 400 Stunden für den Master (MChem/MSci) hatten;

In Frankreich wird der Beruf des Chemikers mit einem Abschluss auf mindestens BTS/DUT-Niveau abgeschlossen.

In Quebec ist die Verwendung des Titels Chemiker durch das *Gesetz über Berufschemiker* geschützt und alle Nutzer dieses Titels müssen Mitglied des *Ordre des Chimistes du Quebec* (OCQ) sein, wenn sie das Recht haben wollen, diesen Titel zu verwenden. Für diesen Titel gibt es eine "Permis de Chimiste" (Chemikerlizenz).
In Kamerun ist der Chemiker in erster Linie ein Hochschulabschluss, dessen niedrigste anerkannte Qualifikation das BTS (Brevet de Technicien Superieur) ist. Es sei jedoch daran erinnert, dass der Staat in Kamerun den Beruf des Chemieingenieurs mit dem Gesetz Nr. 2001-9 vom 23. Juli 2001 zur Festlegung der Organisation und der Modalitäten für die Ausübung des Berufs des Chemieingenieurs in Kamerun gesetzlich geregelt hat. In Artikel 2 *des Gesetzes heißt es*: "Ein Chemieingenieur ist *jede Person*, die *ein an einer Universität oder einer anerkannten Schule erworbenes Ingenieurdiplom oder ein anderes von der nationalen Kommission für die Gleichwertigkeit von Titeln als gleichwertig anerkanntes Diplom in einer der Fachrichtungen der Chemie besitzt und die aufgrund ihrer Kenntnisse im Bereich der Chemietechnik Modelle oder Produkte gemäß den geltenden nationalen und internationalen Regeln und Normen unter Berücksichtigung des Umweltschutzes erstellen,*

erfinden und entwerfen kann". "Der Chemieingenieur hat folgende Aufgaben: "*1) Entwurf, Entwicklung und Verbesserung von Verfahren in der chemischen Industrie, 2) Umweltverträglichkeitsprüfungen, 3) Projektmanagement für klassifizierte gefährliche, ungesunde oder unzumutbare Einrichtungen, 4) Studien und Kontrolle der Umweltverschmutzung in der chemischen Industrie, 5) metrologische Studien, Normung, Zertifizierung und Akkreditierung von klassifizierten Einrichtungen und Industrieeinheiten mit chemischem Charakter." (Art. 3)*

Das ist die subtile Schlussfolgerung, dass der Staat Kamerun in Bezug auf die Gesetzgebung nur den Beruf des Ingenieurs für Chemieingenieurwesen anerkennt.

Es gibt einige Körperschaften, die einer natürlichen oder juristischen Person den Status eines Chemikers verleihen können. Es handelt sich dabei um Hochschullehrer, Forscher des MINRESI (Ministerium für wissenschaftliche Forschung und Innovation) und Mitglieder der Apothekerkammer. Es gibt natürlich auch andere Körperschaften wie NGOs, GICs (Groupes d'initiative commune), Vereine oder wissenschaftliche Gesellschaften wie die Academie des Sciences du Cameroun oder die Societe Chimique d'Afrique Centrale et Grands Lacs (SOCACGL).

Es ist wichtig zu betonen, dass Chemiker die Könige der Laboranalyse sind, da sie Proben untersuchen, neue Materialien und Verfahren entwickeln, Computermodelle und -simulationen erstellen und häufig unterrichten, während Chemieingenieure sich auf die Beherrschung von industriellen Verfahren, Umwandlungen und Anlagen beschränken.

> Unternehmertum

Unternehmertum ist der Wille und die Fähigkeit, nach Investitionsmöglichkeiten zu suchen, ein Unternehmen zu gründen und erfolgreich zu führen. Es ist der Motor für Innovation, die Schaffung von Arbeitsplätzen und Wirtschaftswachstum (Alvarez, *Organizing Rent generation and appropriation towards a theory of the entrepreneurial firm,* 2004). Es ist auch ein Mittel zur Lösung der steigenden Arbeitslosigkeit, die in den meisten afrikanischen Ländern, insbesondere in Kamerun, das größte Problem darstellt. Es ist auch ein globales Konzept, ein Trend, der in den meisten Entwicklungs- und Industrieländern zu beobachten ist. Es wird als ein Prozess der Schaffung von Wohlstand betrachtet, der innovativ ist, indem er dem bereits vorhandenen Wert mit Hilfe von Zeit und Anstrengung neue Werte hinzufügt, und es gibt eine Zufriedenheit mit dem Geld und der Unabhangigkeit. Bob Reiss (*Low Risk, High Reward: Starting and Growing Your Own Business with Minimal Risk* , 2001) ist der Meinung, dass Unternehmertum das Erkennen und Verfolgen von Chancen ist, ungeachtet der Ressourcen, die Sie derzeit kontrollieren, mit dem Vertrauen, dass Sie erfolgreich sein können, mit der Flexibilität, bei Bedarf den Kurs zu ändern, mit der Bereitschaft, nach Rückschlägen wieder auf die Beine zu kommen. Das bedeutet, dass Sie neue Dinge mit neuen Werten für finanzielle Belohnungen schaffen müssen. Es ist daher normal, dass Forbe (*The effect of strategy decision making on entrepreneurial self-efficiency*, 2005) behauptet, dass Unternehmertum ein innovativer Ansatz ist, der junge Menschen in den Arbeitsmarkt einführt.

> **Der Unternehmer**

Ein Unternehmer ist eine ehrgeizige Person, die in der Lage ist, risikoreiche Geschäfte zu lukrativen Zwecken zu tätigen. Er ist innovativ, wachsam und erkennt Chancen. Er hat die Fähigkeit, die Kreativität zu beherrschen. Er ist selbstbewusst und hat eine klare Orientierung, um seine Defizite zu beheben. In Anbetracht dessen findet Ibe, dass ein Unternehmer die Fähigkeit haben muss, den Markt wahrzunehmen und neue Waren oder Prozesse zu entwickeln, die der Markt verlangt und gleichzeitig Schwierigkeiten hat, sie zu liefern ((*Re-engineering entrepreneurial education for employment and selfproductivity in Nigeria,* 2012)).

Nach Atoe und Ibobor (*The Nigerian Entrepreneur and the Environment of Business* , 2006) Es gibt mehrere Gründe, warum Menschen sich als Unternehmer betätigen, die wichtigsten sind :

J Un fort desir d'être independent;
J Die Chance, etwas zu entwickeln, das sie lieben, anstatt sich mit Sicherheit in Form eines regelmäßigen Einkommens zufrieden zu geben;
J Das Gefühl, dass sie gerne in ihrem eigenen Tempo arbeiten würden;
J Ein Streben nach Anerkennung und Prestige.

Einige Definitionen des Unternehmers

J Ein Unternehmer ist jemand, der ein Produkt auf eigene Rechnung erstellt (Webster's Revised Unabridged Dictionary, 1913).
J Der Unternehmer ist derjenige, der ein Unternehmen oder einen Betrieb organisiert, verwaltet und die Risiken trägt (Merriam-Webster Online).
J Ein Unternehmer ist eine Person, die ihr eigenes Unternehmen gründet (Investorwords, Wörterbuch der Finanzbegriffe).
J Ein Unternehmer ist jemand, der sich verpflichtet, ein Unternehmen, einen Unternehmer, ein Geschäft, ein Abenteuer, einen Risikoträger zu verwirklichen (Bernard Kamoroff, Unternehmer und Autor).
J Ein Unternehmer ist eine Person, die ein Unternehmen gründet, um eine Vision zu verfolgen, Geld zu verdienen und Herr über sein eigenes Schicksal zu sein (sowohl finanziell als auch geistig) (Linda Pinson, Autorin zahlreicher Dokumente zum Thema Businessplan).
J 'Ein Unternehmer ist jemand, der sich entschieden hat, seine Zukunft selbst in die Hand zu nehmen und selbstständig zu arbeiten, sei es, indem er sein eigenes, einzigartiges Unternehmen gründet oder indem er in einem Team arbeitet, wie im Multi-Level-Marketing (Daile Tucker, Unternehmerin und Autorin).
J Der Lifestyle-Unternehmer ist jemand, der nicht wagemutig ist, sondern sich perfekt damit zufrieden

gibt, ein bewährtes Produkt zu verkaufen, das ein stabiles Einkommen bringt (Mark Hendricks).
J Der Unternehmer ist derjenige, der Werte schafft (Jean Baptiste, französischer Ökonom)
J Der Unternehmer ist der Innovator, der den kreativen und zerstörerischen Prozess des Kapitalismus leitet, der das Produktionsmodell reformiert oder revolutioniert (Joseph Schumpeter).
Für Schumpeter nutzen Unternehmer eine Erfindung oder, allgemeiner, eine unermüdliche technologische Möglichkeit, um eine neue Ware zu produzieren oder eine alte Ware auf einem neuen Weg zu produzieren. Sie erschließen eine neue Bezugsquelle für Materialien oder einen neuen Absatzmarkt für Waren. Sie reorganisieren eine Industrie, als Agenten des wirtschaftlichen Wandels. Indem sie neue Märkte bedienen oder neue Vorgehensweisen schaffen, treiben sie die Wirtschaft voran. Sie gründen neue gewinnorientierte Wirtschaftsunternehmen.
Im Klartext heißt das, dass Unternehmer Katalysatoren und Innovatoren des wirtschaftlichen Fortschritts sind.
Der Erfolg von Unternehmern beruht darauf, dass :
o Sie sind unterschiedliche Entscheidungsträger;
o Sie wollen ihr Schicksal selbst bestimmen;
o Sie sind organisiert, unabhängig und selbstbewusst;
o Sie wollen Kritik und Ablehnung akzeptieren;
o Sie verfügen über spezielle kaufmännische Fähigkeiten, die sie durch Ausbildung oder Erfahrung erworben haben; o Sie sind entschlossen und ausdauernd und geben nicht beim geringsten Anzeichen von Schwierigkeiten auf;
o Sie sind gute Beurteiler von Talent und Charakter, vor allem, wenn es darum geht, eine geeignete Allianz mit dem Gehirn einzugehen;
o Sie können mehrere Hüte tragen: Finanzen, Marketing, Buchhaltung, Rechnungswesen, Human Relations usw. (Reilly und Millkin, "*Feasibility Analysis* ,2005).

II. Unternehmertum in der Chemie

Unternehmertum in der Chemie ist die Umwandlung von Innovationen im Bereich der Chemie in marktfähige Produkte für kommerzielle Zwecke. In der Vergangenheit war wissenschaftliche Forschung nur auf die Veröffentlichung in akademischen Zeitschriften ausgerichtet. Heutzutage ist ein Paradigmenwechsel zu beobachten, der darin besteht, Forschung zu betreiben, die anstatt veröffentlicht zu werden, patentiert und dann für wirtschaftliche Gewinne vermarktet werden kann. Dieses Paradigma bedeutet, dass die Wissenschaft einfach in erfolgreiche kommerzielle Unternehmen eingebunden wird. Experten sind sich einig, dass dies der Hauptschlüssel zur selbstständigen Arbeit und zur Beschäftigung anderer Personen ist, d.h. zur Kombination von unternehmerischen und technischen Fähigkeiten. Der Vorteil dieses Konzepts ist, dass es wissensbasierte Unternehmen und die Schaffung neuer Werte garantiert. Dies ist der ultimative Beweis dafür, dass Wissenschaft und Wissen eine Schlüsselrolle für die Entwicklung der Gesellschaft spielen (Odia und Odia, *Developing entrepreneurship skills and transformation challenges into opportunities in* Nigeria 2013).

Für viele sichert eine Ausbildung in Chemie einen direkten Arbeitsplatz, da diese Wissenschaft in allen Bereichen Anwendung findet, aber warum werden Chemiker dann nicht beschäftigt?

Aus der Sicht des Unternehmertums in der Chemie wird von Chemikern mit großen Ideen und einer kleinen Ausbildung in Unternehmertum erwartet, dass sie Arbeitsplätze schaffen, anstatt Arbeitssuchende zu sein. Die Realität sieht jedoch ganz anders aus, denn obwohl die neuen akademischen Lehrpläne Module für die Ausbildung in Unternehmertum enthalten, fehlt es vielen Absolventen von Chemiehochschulen selbst mit marktfähigen Forschungsprojekten an unternehmerischen Fähigkeiten oder dem Know-how, diese in kommerzielle oder marktfähige Produkte umzusetzen, um individuelle finanzielle Vorteile zu erzielen und Chancen für die nationale Wirtschaftsentwicklung zu bieten. Die Ursachen sind zahlreich, aber die bedeutendsten sind :

1) Viele Lernende haben Schwierigkeiten, die Chemie mit ihrem Alltag zu vereinbaren;

2) Vielen Lernenden fehlt die Populärkultur in der Chemie ;

3) Die Chemie wird in akademischen Kreisen als ein gelehrtes Werkzeug verwendet, was einen Riss in der Beziehung zu den Laien verursacht;

4) Die Unfähigkeit, seine Forschung in ein vermarktbares Objekt zu übersetzen;

5) Der Rückzug auf sich selbst, d. h. die geringe Fähigkeit, Beziehungen zu anderen Studiengängen aufzubauen (Transdisziplinarität);

6) die Vermarktungsaktivitäten sind recht unterschiedlich, fast im Gegensatz zu den Aktivitäten in den Labors. usw.

Denn wie kann man erklären, dass ein Student auf Forschungsniveau nicht in der Lage ist, die Quelle von Schwefel in Kamerun zu identifizieren, oder besser, wie Benzol in natürlichem Zustand aussieht, oder auch Computerkonzepte zu beherrschen, um Software zu entwickeln, die in der Forschung verwendet werden kann und verkaufbar ist.

Unternehmertum in der Chemie beinhaltet daher den Prozess der Umwandlung von Innovationen in der Chemie in marktfähige Produkte für kommerzielle Zwecke.

Scott P. Lockledge hat einen Doktortitel in anorganischer Chemie und ist Vorstandsvorsitzender und Mitbegründer von Tiptek, einem Unternehmen, das ultraharte und ultrascharfe Sonden für die Rasterkraftmikroskopie herstellt. Er sagte: "*Ein Unternehmen zu gründen gibt Ihnen die Möglichkeit, ein Unternehmen zu gründen, egal ob groß oder klein, in dem Sie wissen, dass Sie persönlich einen Unterschied machen.*" Im Gegensatz dazu *kann sich* die *Arbeit in einem großen Unternehmen wie ein kleines Zahnrad in einer großen Maschine anfühlen.* Der Unterschied ist schnell gemacht, und das Unternehmertum in der Chemie zielt darauf ab, den Chemiker zu einem Motor der Entwicklung zu machen, während er gleichzeitig unabhängig ist. Sein Beitrag zur Wirtschaft wird im Vergleich zu einem angestellten Chemiker immer wichtiger.

Eine bemerkenswerte Tatsache ist, dass die angelsächsischen Länder zunehmend versuchen, ihren

Chemiestudenten Werkzeuge an die Hand zu geben, die es ihnen ermöglichen, sich nach Abschluss ihrer Ausbildung selbst zu beschäftigen.

Im Rahmen der Förderung des Unternehmertums in der Chemie hat die School of Chemistry in Zusammenarbeit mit der Nottingham University Business School in den USA einen von beiden Institutionen gemeinsam geleiteten Masterstudiengang in Chemie und Unternehmertum ins Leben gerufen. Dieser Kurs soll den Schülern ein Verständnis für die Zusammenhänge zwischen Grundlagenforschung und kommerzieller Nutzung vermitteln, so dass sie ein Verständnis für die spezifischen Bereiche der modernen Chemie, aber auch für die Finanz-, Marketing- und Managementaspekte moderner Unternehmen entwickeln können. Ein weiteres Ziel des Kurses ist es, den Schülern die technologischen und wirtschaftlichen Kenntnisse zu vermitteln, die sie in die Lage versetzen, einen bedeutenden Beitrag zur heutigen, auf Chemie und Technologie basierenden Wirtschaft zu leisten. Darüber hinaus betreibt die Abteilung für Chemie des Imperial College London, London, Vereinigtes Königreich, das Programm "Chemical Biology and Bio-Entrepreneurship", ein Ausbildungsprogramm für Chemiker, die Unternehmer sind. Dasselbe gilt für den Master of Science in Chemistry Entrepreneurship (CEP) des Department of Chemistry der *Case Western Reserve University*. Es handelt sich um einen zweijährigen professionellen Masterstudiengang in Chemie-Unternehmertum, in dem die Studierenden Spitzenchemie, praktische Geschäftspraktiken und technologische Innovation studieren und gleichzeitig an einem realen unternehmerischen Projekt mit einem bestehenden Unternehmen oder dem eigenen Startup des Studierenden arbeiten. Es sei darauf hingewiesen, dass diese Ausbildung in Unternehmertum rund um die Chemie den Schülern auch dabei hilft, sich mit Mentoren, Beratern, Partnern, Finanzierungsquellen und Beschäftigungsmöglichkeiten zu verbinden.

Die *Royal Society of* Chemistry hat einen Preis gestiftet, den **Chemistry World Entrepreneur of the Year, und zwar den Chemistry World Entrepreneur of the Year Award**. Der Preis ist mit 4000 £ dotiert und wird jährlich an Personen verliehen, die Kreativität und Weitblick bewiesen haben, indem sie chemische Innovationen zum wirtschaftlichen Erfolg ihrer Unternehmen führten.

Zu den Preisträgern zählte Dr. Clementine Chambon vom Department of Chemical Engineering des *Imperial College London*, die den Preis 2018 für ihre Beiträge zur unternehmerischen Anwendung von Bioenergie zur Lösung der wichtigsten Umwelt-, Sozial- und Geschlechterprobleme im ländlichen Indien erhalten hat. Sie ist Mitgrunderin und Chief Technology Officer von **Oorja**, einem Sozialunternehmen, das Solar- und Biomasse-Mini-Netze entwirft und installiert, die erschwinglichen und zuverlassigen Strom fur netzferne Gemeinden in Indien bereitstellen. Durch die Bereitstellung einer zuverlässigen Energieversorgung rund um die Uhr verbessert das Unternehmen das Leben der armen Landbevölkerung in Indien, indem es ihnen ermöglicht, Geräte und Maschinen zu geringeren Kosten zu betreiben, was zu einer erheblichen Steigerung ihres Einkommens führt. Ihre Arbeit wirkt sich auch auf andere Bereiche aus, darunter wirtschaftliche Entwicklung, Ernährungssicherheit,

Gesundheit, Bildung, Gleichberechtigung der Geschlechter und Klimawandel.

Ein weiterer Preisträger ist Paul Jones, der 2021 für die Gründung britischer Unternehmen ausgezeichnet wurde, die weltweit für ihre innovativen Spezialpolymere bekannt sind, die auf den Prinzipien der grünen Chemie basieren. Es handelt sich um die Unternehmen Chemical Processing Services Ltd, Bitrez Ltd und Anacarda Ltd.

Bitrez Ltd entwirft und entwickelt Polymer- oder Harzprodukte, die auf eine geringere Gefahr und/oder eine geringere Umweltbelastung abzielen. Das Unternehmen stellt Produkte her, die den Komfort bieten, an den wir alle gewöhnt sind, aber auf eine sicherere Art und Weise für diejenigen, die sie benutzen, und aus nachhaltigen Quellen, die eine weitere Schädigung der Umwelt verhindern. Die Frage ist, ob ein kamerunischer Chemiker, ein in Kamerun ansässiger Forscher, den nächsten *Chemistry Entrepreneur Award* erhalten kann?

III. Die Bedeutung des Unternehmertums in der Chemie

- Bekämpfung der Arbeitslosigkeit von Chemieabsolventen

Die Einschreibungen an den höheren Bildungseinrichtungen in Kamerun steigen von Tag zu Tag. Die Realität ist, dass die Regierung und der organisierte Privatsektor nicht genug Kapazität haben, um die Abschlüsse dieser Einrichtungen zu absorbieren. Das Nationale Institut für Statistik (INS) schätzte, dass die Arbeitslosenquote in Kamerun im Jahr 2021 im Vergleich zum Jahr 2020 um 6,1% gestiegen ist. Die Situation der Arbeitslosigkeit in Kamerun ist in der Tat alarmierend. Laut der letzten Ausgabe der Indikatoren für nachhaltige Entwicklung, die im Dezember desselben Jahres veröffentlicht wurde, sind Frauen (6,1%) stärker von Arbeitslosigkeit betroffen als Männer (5%), und die Gesamtunterbeschäftigungsquote liegt im selben Zeitraum bei 65%. Das Problem der Arbeitslosigkeit unter Akademikern hat mehrere andere sozioökonomische Probleme im Land hervorgerufen, die sich wie folgt manifestieren: NOSO-Krise und Boko Haram sowie eine erhöhte Rate an bewaffneten Raubüberfällen und Entführungen (Mireille Razafindrakoto, NOSO-Krise in Kamerun, 2018). Der effektivste Weg, um dieses Problem zu lösen, ist die Hinwendung zum Technologieunternehmertum, um einen lebensfähigen Sektor zu entwickeln.

- Wachstum der nationalen Wirtschaft.

Die jüngste Neuberechnung ergab, dass die kamerunische Wirtschaft nun die 99. größte der Welt und die 16^{e} größte in Afrika ist.

Anmerkung: Die **Umbasierung** *des BIP ist die Änderung des Basisjahres, das für die Berechnung des* **Wirtschaftsaggregats** *verwendet wird.*

- Schaffung von Wohlstand, um die Armut zu verringern.

Hunger ist ein Zeichen von Armut. Weltweit geht einer von sieben Menschen jeden Tag hungrig zu Bett (International Food Policy Research Institute, IFPRI). Nigeria steht auf Platz 74 von 116 Ländern auf der Hungerliste des Welthunger-Index (WHI), der von 1 IFPRI berechnet wird (2021). Diese Bewertung ist nicht allzu gut für eine Nation, die zu den größten Produzenten von Kochbananen, Maniok usw. zählt.

- Unaufhörliche zivile/soziale Unruhen sind ein Hinweis auf Armut.

Die meisten zivilen/sozialen Unruheaktivitäten in Kamerun werden von Personen durchgeführt, die nicht in profitablen Projekten/Unternehmen engagiert sind. Diese haben zu einer sehr schlechten Bewertung Kameruns im Global Peace Index Rating mit einer Länderbewertung von 141[e] von 163 Nationen im Jahr 2022 geführt.

IV. Dinge, die man wissen muss, um ein unternehmerischer Chemiker zu werden

Von Chemikern im Allgemeinen wird angenommen, dass sie eine Leidenschaft für die Wissenschaft, nicht aber für das Geschäft haben; Unternehmer zu werden erfordert daher, neue Fähigkeiten zu erwerben, Risiken einzugehen und eine neue Sprache oder das von einem Unternehmer benötigte Vokabular zu sprechen oder zu lernen. Chemiker benötigen auch ein grundlegendes Verständnis der grundlegenden Finanzstrukturen, einschließlich eines grundlegenden Verständnisses von Bilanzen, Cashflow-Statistiken, Finanzkennzahlen und deren Interpretationen und allgemeinen Buchhaltungsgrundsätzen, um ihre Geschäfte effektiv zu führen, sowie ein praktisches Verständnis von rechtlichen Themen wie Unternehmensstrukturen, Verträgen. Diese beinhalten das Erlernen einer neuen Kultur.

Judith J. Albers, Mitbegrunderin und geschäftsfuhrende Gesellschafterin von Neworks mit Sitz in New York, sagt Folgendes: "***Ein Wissenschaftler, der Unternehmer werden will, sollte als Mittel zur personlichen Bewertung seiner Geschaftsideen folgende Fragen beantworten:***

a) Besteht ein Bedarf am Markt?

b) Haben Sie eine Lösung für das Bedürfnis des Marktes?

c) Hat jemand anderes die Lösung?

d) Können wir hier seriös Geld verdienen?

e) In welcher Entfernung werden Sie vermarkten?

f) Haben Sie ein Team, das sie auf den Markt bringen kann?

g) Haben Sie einen glaubwürdigen Geschäftsplan?

h) Wie viel wird qa kosten?

i) Ist es etwas, das Sie wirklich tun möchten?

j) Ist dies der richtige Zeitpunkt in Ihrem Leben? "

Hinzu kommen Albers' Vorschläge:"

- ***Verstehen Sie den Markt und den Stellenwert Ihrer Technologie.***
- ***Seien Sie bereit, Risiken einzugehen.***
- ***Sprechen Sie mit Menschen, die dies bereits getan haben, und bauen Sie ein Unterstützungsnetzwerk auf.***
- ***Umgeben Sie sich mit ausgezeichneten Menschen, denen Sie vertrauen.***
- ***Vernachlässigen Sie die Schüler nicht, wenn Sie Geschäftsteams gründen."***

V. Schritte, um ein neues Unternehmen zu gründen

Es gibt viele Bücher, die sich mit diesem Thema befassen. Hier versuchen wir nur, einige Hinweise für den Chemiker zu geben (Oyeku, *Chemistry Entrepreneurship for Small and Medium Enterprises Development*, 2015).

J Entscheiden Sie, ob Sie ein Arbeitgeber oder ein Angestellter sein wollen.

J Lesen Sie Dokumente über 1 Unternehmertum.

J Führen Sie eine gründliche Selbstbewertung durch, um herauszufinden, ob Sie ein Unternehmer sein können.

J Entscheiden Sie, welche Art von Eigentum das Unternehmen besitzt.

Führen Sie eine gründliche Recherche zu den verschiedenen Fenstern mit Investitionsmöglichkeiten durch, ohne sich unbedingt auf einen bestimmten Bereich zu beschränken.

J Wählen Sie zwei bis drei der verschiedenen Optionen für Investitionsmöglichkeiten aus. Erhalten Sie Anlageprofile zu den gewählten Optionen (falls vorhanden).

J Verfeinern Sie Ihre Wahl mit einer Option, um zu beginnen. Führen Sie persönliche Recherchen in der Branche durch, um sich über die Branche zu informieren (z. B.. Wettbewerb, Rohstoffe, Verpackung, Maschinen und Ausrüstung, Verfahrenstechnik usw.).

J Bereiten Sie einen Machbarkeitsbericht vor (Sie können einen Fachmann beauftragen, aber beteiligen Sie sich selbst an der Vorbereitung).

J Erstellen Sie einen Geschäftsplan (einen Auszug aus Ihrem Machbarkeitsbericht). Legen Sie einen Namen fest und lassen Sie Ihr Unternehmen eintragen.

J Entscheiden Sie, wo das Unternehmen angesiedelt werden soll.

J Entwerfen Sie Ihre Unternehmens-/Produktidentität (Handelsmarke/Logo, Briefpapier, Visitenkarte), Broschüren (Informationsblätter) usw.

J Eröffnen Sie ein Unternehmenskonto.

J Diskutieren Sie mit den Finanzinstituten/Finanzierern. Erarbeiten Sie ein Verfahren zur Führung von Aufzeichnungen/Buchhaltung.

J Kontaktaufnahme mit Lieferanten von Maschinen und Ausrüstungen, Rohstoffen, Verpackungsmaterial, Strom, Wasser usw.

J Beschaffung der notwendigen Inputs, einschließlich Bau/Miete/Pacht des Gebäudes.

J Erwerben Sie die erforderliche Ausbildung.

J Arbeitskräfte anwerben.

J Lokalisieren Sie Ihren Marsch. Führen Sie eine Testproduktion durch.

Registrieren Sie Ihr Produkt (falls vorhanden).

J Öffnen Sie Ihre Türen für Unternehmen.

VI. Mögliche Finanzierungsquellen

Hier sind einige Finanzierungsquellen, die Balasuriya (*Access to Finance, Business Expansion and Diversification by Small Enterprises,* 2013) aufzählt:

o ***Zuschüsse für Forschung und Entwicklung:*** Geld, das für die technologische Entwicklung verwendet wird.

o ***Finanzierung durch sich selbst oder nahestehende*** Personen ***(Familie und Freunde)***: Hierzu gehören persönliche Ersparnisse des Forschers und Gelder von interessierten Personen (Familienmitglieder und Freunde).

o ***Angel-Investoren***: Eine Person, die Unternehmen in der Startphase Hilfe beim Networking, persönliche Informationen und Geld zur Verfügung stellt.

o ***Risikokapital***: wird von einem Fondsmanager verwaltet, um Investitionsmittel für riskante Geschäftsideen oder -projekte bereitzustellen.

o ***Andere Quellen sind:*** Genossenschaften; Überziehungskredite oder Bankdarlehen; Kreditvertrag; Vermietung von Ausrüstungsgegenständen; Verkauf von Aktien und Hypotheken.

o ***Die Erhebung von Geldern.***

VII. Unternehmerische Fähigkeiten in der Chemie

Manchmal kommen unternehmerische Fähigkeiten von selbst. Manchmal werden sie über einen längeren Zeitraum hinweg durch langes Training erworben, oder sie können spontan durch lange Frustration oder eine lange festgelegte Geisteshaltung einer Person entstehen. Insgesamt ist es eine Fahigkeit, neue Dinge gut zu machen. Entrepreneurial skills are professional survival skills (Nelson und Leach, *Increasing opportunities for entrepreneurs. In K.B. Greenwood,* 1981). Diese Kompetenzen werden manchmal auch als wissenschaftliche Kompetenzen in der Chemie bezeichnet. Naturwissenschaftliche Kompetenzen in der Chemie sind Mittel und Strategien, die von Wissenschaftlern befolgt werden müssen, um ein Produkt der Wissenschaft zu erreichen. Die genannten Kompetenzen sind

- ***Beobachtung;***
- ***Klassifizierung;***
- ***Die Maßnahme;***
- ***Die Zählung die steuerliche Schlussfolgerung;***
- ***Experimentieren;***
- ***Forschung;***
- ***Die Interpretation;***
- ***Die Kontrolle der Variablen ;***
- ***Verallgemeinerung;***
- ***Der Abschluss.***

Auch Asiriuwa (*Education in Science and Technology for Science and Technology for National*

Development. 2005) erklärte, dass die Entwicklung dieser Fähigkeiten weitere Fähigkeiten hervorbringt, die für das Überleben eines erfolgreichen Unternehmers unerlässlich sind. Diese unternehmerischen Kompetenzen werden wie folgt aufgezählt:

- ***Kreatives Denken***
- ***Planung und Forschung***
- ***Die Entscheidungsfindung***
- ***Die Organisation***
- ***Kommunikation***
- ***Teambildung***
- ***Marketing***
- ***Finanzmanagement***
- ***Das Führen von Aufzeichnungen (a) Festlegen von Zielen***
- ***Unternehmensführung.***

VII. Einige Geschäftsideen und Formulierungen.

A. Geschäftsideen

2) Fähigkeiten, die man braucht, um ein Unternehmen zu gründen

- ***Kommunikations- und Verhandlungsfähigkeiten haben***

Sie müssen mit Ihren Auskunfteien, potenziellen Investoren, Kunden und Mitarbeitern kommunizieren und verhandeln. Effektive schriftliche und verbale Kommunikationsfähigkeiten werden Ihnen helfen, gute Arbeitsbeziehungen aufzubauen.

- ***Kritisches Denken***

Die Fähigkeit, selbstständig zu denken, kann eine Schlüsselqualifikation in einer Zeit sein, in der sich das Konzept der Karriere und damit der Arbeitsplatz verändert. Kritisches Denken ist eindeutig selbstgesteuert und selbstdiszipliniert, daher sollten Sie bereit sein, realistisch und sinnvoll selbst zu denken.

- ***Anpassungsfähigkeit***

Anpassungsfähigkeit am Arbeitsplatz bedeutet, die Fähigkeit zu haben, sich zu verändern, um erfolgreich zu sein.

Beharrlichkeit: Es beschreibt die Kraft, zu drängen und auf die Ziellinie zuzusteuern, selbst wenn die Ziellinie auf komische Weise außer Reichweite zu sein scheint. Es handelt sich um Zähigkeit und Hartnäckigkeit im besten Sinne der beiden Wörter. Wie das alte Sprichwort sagt: "*Gute Dinge kommen zu denen, die zu warten wissen*".

- ***Harte Arbeit***

Alle Definitionen von harter Arbeit sind zutreffend.

- ***Kulturelles Verständnis***

Die Bedeutung der Kultur in der Geschäftswelt zu erkennen, ist ein wichtiger Schritt auf dem Weg zum Erfolg auf dem Weltmarkt. Die Kultur eines Landes zu verstehen, ist ein Zeichen von Respekt. Es trägt auch dazu bei, eine effektive Kommunikation zu fördern, die ein entscheidender Faktor im Geschäftsleben ist.

- ***Initiative und Dynamik***

Wissen, wie man seine Ressourcen effektiv zuteilt. Veränderungen finden statt, weil die Menschen sie vornehmen.

- ***Die Fähigkeit, komplexe Probleme zu lösen***

Nehmen Sie die entsprechenden Anpassungen vor und behalten Sie eine Schiene mit dem wahren Ziel im Auge.

- ***Beobachtung***

Beobachtung ist eine Marktforschungstechnik, bei der Sie in der Regel beobachten, wie sich Menschen oder Verbraucher auf dem Markt verhalten und interagieren.

- ***Vernetzung und Marketing***

Menschen mit anderen Ideen und Perspektiven kennenlernen. Marketing ist einfacher geworden als je zuvor. Social Media Marketing gibt Ihnen den Vorteil, den potenziellen Markt in kürzester Zeit zu erreichen.

3) Geschäftsideen

Hier finden Sie eine unvollständige Auswahl an chemischen Geschäftsideen, von den einfachsten bis zu den schwierigsten, von einem Unternehmen, das nur eine Stunde Ihrer täglichen Routine erfordert, bis zu einem Unternehmen, das Ihren ganzen Tag mit Ihrer vollen Aufmerksamkeit erfordert. Es hängt von Ihrer Anpassungsfähigkeit, Ihrer Natur und den verfügbaren Ressourcen ab, welches Unternehmen Sie aus den vorgegebenen Ideen auswählen. Sie werden in Band II ausführlich behandelt.

1) Aufbau eines Unternehmens zur Herstellung von Seife

Seifen gehören zu den Produkten, die aus Chemikalien hergestellt werden, und werden zum Waschen und Baden verwendet. Es gibt zweifellos einen großen Markt für Seifen und die Branche ist noch offen genug für so viele Menschen, die bereit sind, ihr eigenes Seifenunternehmen zu gründen. Wenn Sie also nach einem einfachen Start in der chemischen Industrie suchen, einem Unternehmen, das ein paar Wochen oder Monate Ausbildung erfordert, und einem Unternehmen, das Sie in kleinem Maßstab starten können, sollten Sie den Einstieg in die Seifenherstellung in Betracht ziehen. Zwar werden Sie wahrscheinlich mit mehreren Seifenherstellern in Ihrer Stadt oder Ihrem Land konkurrieren, aber wenn Ihre Seifen gut verpackt sind, werden Sie wahrscheinlich Ihren eigenen fairen Anteil am verfügbaren Markt in Ihrem Zielgebiet erhalten.

2) ein Unternehmen, das Waschmittel herstellt

Ein Unternehmen, das Waschmittel herstellt, ist ein Unternehmen, das der chemischen Industrie zugeordnet wird; dies ist der Fall, weil ein Großteil der Rohstoffe, die bei der Herstellung von Waschmitteln verwendet werden, chemische Produkte sind. Wenn Sie also ein Unternehmen suchen, um in der chemischen Industrie zu starten, ist die Waschmittelproduktion eine Ihrer Optionen.

Sie können die Produktion von Waschmitteln bequem mit der Produktion von Seifen kombinieren. Es ist ein sehr erfolgreiches und profitables Geschäft, das auch in kleinem Maßstab mit minimalem Startkapital begonnen werden kann. Wie bereits erwähnt, ist der Markt für dieses Geschäft groß. Sie sollten jedoch über alle Informationen und Fähigkeiten verfügen, die für dieses Geschäft erforderlich sind, damit Sie bei einem eventuellen Einstieg gut vorankommen.

3) Herstellung von Zahnpasta und Mundwasser

Zahnpasta und Mundwasser sind wichtige Produkte, die in jedem Haushalt und im täglichen Leben verwendet werden; es gibt im Wesentlichen einen recht großen Markt für Zahnpasta und Mundwasser. Es ist ratsam, diese Art von Unternehmen der chemischen Industrie zuzuordnen, da ein größerer Prozentsatz der Rohstoffe für die Herstellung von Zahnpasta und Mundwasser verwendet wird.

Wenn Sie also ein Unternehmen suchen, das in die chemische Industrie einsteigt und dessen Produkte sich sehr gut verkaufen lassen, dann ist eine Ihrer Optionen, in die Produktion von Zahnpasta und Mundwasser einzusteigen. Es ist wichtig zu erwähnen, dass ein gutes Markenimage und eine geeignete Verpackung sehr dazu beitragen, Kunden für Ihre Produkte zu gewinnen.

4) ein Unternehmen, das Bleichmittel herstellt

Bleichmittel werden zum Bleichen von Kleidung, zum Entfernen von Flecken aus Kleidung und zum Waschen von Toiletten usw. verwendet. Es gibt in der Tat einen großen Markt für Bleichmittel. Wenn Sie also ein Unternehmen in der chemischen Industrie gründen wollen, ein Unternehmen, das Sie mit minimalem Kapital erfolgreich gründen können, ein florierendes und profitables Unternehmen, sollten Sie die Herstellung von Bleichmittel in Betracht ziehen.

Bleichmittel sind Chemikalien und etwas ätzend, weshalb jede Person, die beabsichtigt, in die Produktion von Bleichmitteln einzusteigen, sicherstellen muss, dass sie eine Lizenz für den Umgang mit Chemikalien und andere relevante Genehmigungen erhält. Um ein solches Unternehmen zu gründen, müssen Sie eine eingetragene Gesellschaft sein und über die erforderlichen

Gesundheitsgenehmigungen verfügen, um das Unternehmen zu gründen.

5) Ein Unternehmen, das Kosmetika herstellt

Lotionen, Salben, Körpercremes, Vaseline und andere sind allesamt Körperpflegeprodukte und gehören zur chemischen Industrie. In der Tat gibt es kaum einen Haushalt, der nicht mindestens ein oder zwei dieser Körperprodukte besitzt. Dies zeigt, dass es in der Tat einen großen Markt für Körperpflegeprodukte gibt.

Obwohl es auch andere führende Marken im Bereich der Körperpflegeprodukte gibt, kann jeder Unternehmer, der ein Unternehmen in diesem Bereich gründen möchte, immer noch erfolgreich sein. Alles, was sie tun müssen, ist sicherzustellen, dass sie gute Wettbewerbsstrategien anbieten und in der Lage sind, einen Teil des verfügbaren Marktes zu gewinnen.

Wenn Sie also planen, ein Unternehmen in der chemischen Industrie zu gründen, ist eine der Optionen, die Sie haben, ein Unternehmen zu gründen, das Körperpflegeprodukte herstellt. Achten Sie einfach darauf, dass Ihre Produktreihe von guter Qualität und gut verpackt ist.

6) Eine Firma, die Nagellack herstellt

Die Herstellung von Nagellack ist ein weiteres sehr erfolgreiches und profitables Geschäft, das ein Unternehmer, der ein Unternehmen in der chemischen Industrie gründen möchte, in Betracht ziehen sollte. Frauen verwenden Nagellack, um ihre Finger zu bemalen, und es gibt ein Maniküre- und Pediküreestudio, in dem Sie keine unterschiedlichen Farben von Nagellack verschiedener Hersteller finden werden.

Ernsthaft, es ist schwierig, kategorisch eine Nagellackproduktionsmarke zu nennen, die den Markt dominiert. Das zeigt, dass der Markt noch ziemlich offen ist. Wenn Sie also planen, ein Unternehmen in der chemischen Industrie zu gründen, besteht eine Ihrer Optionen darin, eine Firma zur Herstellung von Nagellack zu gründen. Achten Sie einfach darauf, dass Sie Nagellack in einer breiten Palette von Farben herstellen, wenn Sie wirklich mit anderen Herstellern konkurrieren wollen.

7) Ein Unternehmen, das Desodorantien herstellt (Duft und Geschmack)

Desodorant ist ein weiteres Produkt der chemischen Industrie, das in Massenproduktion hergestellt werden kann. Wenn Sie planen, Ihr eigenes Low-Budget-Unternehmen in der chemischen Industrie zu gründen, ist die Herstellung von Desodorantien eine der Tätigkeiten, die Sie beginnen können. Mit einem kleinen Startkapital können Sie erfolgreich Ihr eigenes Unternehmen zur Herstellung von Deodorants gründen.

Es gibt einen gro?en Markt fur Desodorierungsmittel und Desodorierungsmittel konnen in Flussigkeit, Gas oder fester Form hergestellt werden. Wenn Sie in dieser Branche wettbewerbsfähig bleiben wollen, müssen Sie sicherstellen, dass Sie einzigartige und angenehme Gerüche erzeugen, und Ihre Produkte müssen auch gut verpackt sein. Außerdem handelt es sich um einen sehr konzentrierten Markt, sodass Sie eine Nische für Ihre Marke schaffen müssen, indem Sie sehr einzigartige Düfte herstellen, um sich von der Masse abzuheben.

8) After-Shave-Pflegeprodukte (Köln)

Rasierwasser ist ein weiteres kleines Unternehmen, das ein Unternehmer, der eine Firma in der chemischen Industrie gründen will, erfolgreich gründen kann. Es gibt einen großen Markt für Eau de Cologne und wenn Ihr Produkt gut verpackt ist und verschiedene Duftstoffe enthält, werden Sie wahrscheinlich keine großen Schwierigkeiten haben, den Markt zu durchbrechen.

Neben der Lieferung Ihrer After-Shave-Lotionen an Einzelhändler konnen Sie Ihre After-Shave-Lotionen auch in Barbiersalons in und um Ihren Arbeitsplatz herum vermarkten. Diese Art von Geschäft ist lukrativ; als solches sollten Sie entsprechende Pläne haben, um das Kapital zu beschaffen, das Sie brauchen, um voranzukommen.

9) Peeling- und Reinigungsprodukte für das Gesicht

Wenn Sie ein einfaches, erfolgreiches und profitables Unternehmen suchen, um in der chemischen Industrie zu starten, ein Unternehmen, das nicht unbedingt eine Genehmigung für den Umgang mit Chemikalien benötigt, dann ist eine Ihrer Optionen, mit der Produktion von Peelings und Gesichtsreinigern zu beginnen.

Es gibt einen riesigen Markt für diese Produkte. Alles, was Sie tun müssen, um in den Markt einzudringen, ist sicherzustellen, dass die Preise für Ihre Produkte wettbewerbsfähig sind, dass Ihre Produkte von guter Qualität sind und dass sie gut verpackt und markiert sind. Sie müssen diese Fabrik von einem nicht-residentiellen Gebiet aus starten. Dies ist wichtig wegen der Arten von Chemikalien, die verwendet werden und die für Menschen, die mit ihnen in Berührung kommen, gefährlich sein können.

10) Polnische Produkte

Polnische Produkte sind Produkte wie Schuhcreme, Autoinnenraumcreme, Reifencreme, Holzcreme, Metall- und Bronzecreme etc. Es handelt sich um Produkte, die mit verschiedenen Chemikalien hergestellt werden. Es ist daher ratsam, die polnische Produktionsgesellschaft der chemischen Industrie zuzuordnen.

Wenn Sie also ein Unternehmen suchen, das einfach zu gründen ist, ein Unternehmen, dessen Produkte gut vermarktbar sind, ein Unternehmen, das in kleinem Maßstab gestartet werden kann, und ein rentables Unternehmen, dann ist eine Ihrer Optionen die Gründung einer polnischen Produktionsfirma. . Wie bei den meisten Produkten, die im Einzelhandel verkauft werden, wird es Ihnen, wenn Ihre Produkte gut verpackt und markiert sind, wahrscheinlich weniger schwer fallen,

Ihren eigenen Anteil am verfügbaren Markt zu gewinnen.

11) Die Herstellung von Farbstoffen

Lederfärbemittel, Kleidungsfärbemittel, Haarfärbemittel usw. sind allesamt Produkte der chemischen Industrie. Wenn Sie also nach einem einfachen, aber rentablen und erfolgreichen Unternehmen suchen, um in der chemischen Industrie zu starten, ist eine Ihrer Optionen, in die Produktion von Farbstoffen einzusteigen. Achten Sie einfach darauf, dass Sie Farbstoffe herstellen, die für verschiedene Zwecke verwendet werden, und wenn Ihre Produkte gut verpackt sind, werden Sie wahrscheinlich keine großen Schwierigkeiten haben, Ihren eigenen Anteil am verfügbaren Markt zu gewinnen.

Farbstoffe gehören zu den tödlichsten chemischen Zusammensetzungen der Welt. Wenn sie versehentlich mit den Augen oder dem Mund in Berührung kommen, können sie eine Katastrophe verursachen. Das ist einer der Gründe, warum Sie alle erforderlichen Zertifizierungen und Schulungen absolvieren sollten, bevor Sie in diesem Gewerbe tätig werden.

12) Die Herstellung von Düngemitteln

Organische und anorganische Düngemittel werden in der Landwirtschaft benötigt und sind allesamt Produkte der chemischen Industrie. Es gibt einen großen Markt für diese Art von Unternehmen. Es gibt kaum ein Land, in dem die Landwirtschaft nicht gefördert wird; in der Tat hat die Regierung der meisten Länder Düngemittel für die Landwirte in ihrem Land subventioniert, um die Menschen zu ermutigen, in die Landwirtschaft einzusteigen.

Wenn Sie also planen, ein Unternehmen in der chemischen Industrie zu gründen, könnten Sie erwägen, in die Produktion von organischen und anorganischen Düngemitteln einzusteigen. Der einfachste Weg, um im Bereich der Düngemittelherstellung ziemlich groß zu werden, ist, die Regierung Ihres Landes zu überzeugen. In den meisten Ländern ist die Regierung immer der größte Abnehmer von Düngemitteln.

13) Die Herstellung von Nylons oder Plastik

Die Herstellung von Nylon ist ein weiteres sehr profitables und florierendes Geschäft, das ein Unternehmer, der ernsthaft mit der chemischen Industrie Geld verdienen will, als Einstieg in Betracht ziehen sollte. Nylon wird für die Verpackung und Beschichtung vieler Produkte von Lebensmitteln über Kleidung bis hin zu Neuwagen verwendet. Dies zeigt, dass es tatsächlich einen sehr großen Markt für Nylons gibt.

Tatsächlich gehören Einzelhändler zu den größten Verbrauchern von Nylontaschen, da sie diese zum Verpacken der von ihren Kunden gekauften Waren verwenden. Diejenigen, die in die Nylonproduktion eingestiegen sind, wachten eines Morgens auf und stellten fest, dass sie bereits Millionäre waren. Aus diesem Grund können auch Sie hervorragende Renditen erzielen, wenn Sie in den Handel einsteigen.

14) Eine Fabrik zur Verarbeitung von Kautschuk

Wenn Sie in der Umgebung einer Kautschukplantage leben, ist eine der einfachsten geldbringenden Aktivitaten, die Sie erfolgreich in der chemischen Industrie starten konnen, der Einstieg in die Gummiverarbeitung. Eine Gummiverarbeitungsanlage ist ein Ort, an dem der von den Kautschukplantagen gewonnene Rohgummi verarbeitet wird, bevor er als Rohstoff an Fertigungsunternehmen verkauft wird.

Es gibt einen großen Markt für verarbeiteten Gummi, einfach weil er als Rohstoff für die Herstellung von Produkten wie Reifen, Elektrogehäusen, Kinderspielzeug, Computergehäusen, Handygehäusen und Bilderrahmen verwendet wird, um nur einige zu nennen. Wenn Sie also planen, ein Unternehmen in der chemischen Industrie zu gründen, ist eine Ihrer Optionen die Eröffnung einer gummiverarbeitenden Fabrik.

15) Die Entwicklung von Insektiziden, Herbiziden und Pestiziden

Insektizide sind Chemikalien, die verwendet werden, um Insekten zu töten, Herbizide sind Chemikalien, die auf Bauernhöfen verwendet werden, um Blätter - fressende Insekten - zu töten, und Pestizide sind Chemikalien, die verwendet werden, um Schädlinge wie Nagetiere et al. zu töten. Es gibt in der Tat einen großen Markt für diese Produkte.

Wenn Sie also nach einem Start-up-Unternehmen in der chemischen Industrie suchen, einem florierenden und profitablen Unternehmen, das in kleinem Maßstab erfolgreich gestartet werden kann, dann besteht eine Ihrer Optionen darin, mit der Produktion von Insektiziden, Herbiziden und Pestiziden et al. zu beginnen.

16) Die Herstellung von Farben

Farben sind ein weiteres Produkt der chemischen Industrie; es gibt einen großen Markt für Farben, einfach weil Farben zum Anstreichen von Häusern, Straßen, Metallprodukten und vielen anderen Produkten verwendet werden. Wenn Sie also planen, ein Unternehmen in der chemischen Industrie zu gründen, besteht eine Ihrer Optionen darin, in die Produktion von Farben einzusteigen. Die Wahrheit ist, dass ein Unternehmer, der beabsichtigt, sein Unternehmen zur Herstellung von Farben zu gründen, sich dafür entscheiden kann, entweder in kleinem oder in großem Maßstab zu starten.

Letztendlich ist diese Art von Unternehmen sowohl für Großinvestoren als auch für angehende Unternehmer mit geringem Startkapital offen. Sie müssen den Verkauf Ihrer Gemälde nicht auf das Land, in dem Sie leben, beschränken; Sie können Ihr Unternehmen so positionieren, dass Sie die Produkte auch in Nachbarländer exportieren können.

17) Die Herstellung von Tinten

Die Herstellung von Tinten ist ein weiterer florierender und sehr profitabler Zweig der chemischen Industrie. Die Tinten werden beim Drucken entweder in Patronen verwendet, die von kleinen Druckern in Büros benutzt werden, oder in der Druckpresse. Die Wahrheit ist, dass wir, solange wir Buche, Drucke

Zeitschriften, Bannern, Plakatwänden (mit Ausnahme von elektronischen Plakatwänden), Kunstwerken usw. wird es immer einen Bedarf an Tinte geben. Dies zeigt, dass es in der Tat einen recht großen Markt für Tinten gibt. Als angehender Unternehmer, der ein Unternehmen in der chemischen Industrie gründen möchte, besteht eine Ihrer Optionen darin, in die Tintenproduktion einzusteigen.

18) Herstellung von Klebstoffen und Dichtungsprodukten (Klebstoffe, Gummis und Pasten und andere)

Ein weiteres florierendes und profitables Geschäft in der chemischen Industrie, das ein Unternehmer, der eine Unternehmensgründung plant, in Betracht ziehen sollte, ist der Einstieg in die Produktion von Klebstoffen und Dichtungsmitteln. Es gibt einen großen Markt für Klebstoffe, Gummis und Pasten usw., solange Sie in der Lage sind, mit anderen Herstellern der gleichen Produkte günstig zu konkurrieren. Diese Art von Unternehmen ist ein Unternehmen, das in kleinem Maßstab mit geringem Startkapital begonnen werden kann.

19) Ein Unternehmen, das Stärke herstellt (pulverisierte Stärke und Kaltwasserstärke).

In Wäschereien, Waschsalons, Textilunternehmen und Druckerpressen wird Stärke in kommerziellen Mengen verwendet. Stärke wird auch in unseren Häusern beim Bügeln unserer Kleidung verwendet und in einigen Teilen der Welt, vor allem in Afrika, wird Stärke sogar als Nahrungsmittel konsumiert. Es gibt einen sehr großen Markt für Stärke.

Wenn Sie also vorhaben, einen kleinen Handwerksbetrieb zu gründen, einen Betrieb, der sicher der chemischen Industrie zugeordnet werden kann, sollten Sie die Gründung eines Unternehmens zur Herstellung von Stärke in Betracht ziehen. Alles, was Sie tun müssen, ist, Ihren Zielmarkt zu definieren und Stärkeprodukte zu produzieren, die auf Ihrem Zielmarkt sehr gefragt sind.

20) Die Herstellung von Reinigungschemikalien

Reinigungsfachkräfte sind bei der Durchführung ihrer Hauptaufgaben größtenteils auf Reinigungschemikalien angewiesen. Es gibt verschiedene Chemikalien, die speziell für die Reinigung von Marmorböden, Fliesen, Keramik, Fenstern und Toiletten usw. hergestellt werden. Wenn Sie ein erfolgreiches und profitables Unternehmen in der chemischen Industrie gründen wollen, ist die Herstellung von Reinigungschemikalien eine Ihrer Optionen.

Es ist wichtig zu erwähnen, dass Sie eine Genehmigung für den Umgang mit Chemikalien und andere Genehmigungen benötigen, bevor Sie diese Art von Geschäft legal eröffnen können, einfach weil

Reinigungschemikalien für die Menschen in Ihrer Umgebung und für Sie selbst gefährlich sein können.

21) Die Salzproduktion

Die Herstellung von Salz (Natriumchlorid) ist vorsichtigerweise als Teil der chemischen Industrie zu klassifizieren. Wenn Sie also vorhaben, ein Unternehmen in der chemischen Industrie zu gründen, ein Unternehmen, das ein legales Startkapital erfordert und dessen Rohstoffe leicht zu beschaffen sind, dann sollten Sie die Salzproduktion in Betracht ziehen. Es ist ein florierendes und profitables Unternehmen. In diesen Tagen war es notwendig, die Salze, die produziert werden, zu iodieren.

22) Die Herstellung von Natronlauge

Die Herstellung von Natronlauge ist ein weiteres florierendes und profitables Geschäft in der chemischen Industrie. Wenn Sie beabsichtigen, ein solches Unternehmen zu gründen, sollten Sie sicherstellen, dass Sie die erforderlichen Genehmigungen von der Regierung Ihres Landes erhalten, bevor Sie das Unternehmen eröffnen. Es ist wichtig, darauf hinzuweisen, dass diese Art von Geschäft mit einem kleinen Verkauf begonnen werden kann.

23) Die Herstellung von Backpulver

Backpulver ist ein weiteres Produkt der chemischen Industrie, das von vielen Menschen verwendet wird. Backpulver wird beim Backen von Kuchen, Keksen und allen mehlbasierten Lebensmitteln, die in den Ofen kommen, verwendet. Dies zeigt, dass es einen bedeutenden Markt für Backpulver gibt. Wenn Sie also ein erfolgreiches und profitables Unternehmen und einen Betrieb in der chemischen Industrie gründen wollen, ist eine Ihrer Optionen, in die Produktion von Backpulver einzusteigen.

Es gibt zwar viele verschiedene Marken von Teigpulvern auf dem Markt, aber wenn Sie entschlossen sind, mit Ihren Produkten Fortschritte zu machen, werden Sie sicherlich Ihren eigenen Anteil am verfügbaren Markt erhalten. Achten Sie einfach darauf, dass Sie auf die Qualität Ihres Produkts, Ihre Markenstrategie und Ihre Marketingstrategien achten.

24) Die Produktion von Haarcreme und Schwefel 8

Die Herstellung von Haarcremes und Schwefel 8 ist eine weitere Tätigkeit, die ein Unternehmer erfolgreich aufnehmen kann; diese Tätigkeit fällt in den Bereich der chemischen Industrie. Es gibt einen großen Markt für Haarcremes und Schwefel 8; Schwefel 8 wird zur Behandlung von Schuppen und anderen Infektionen im Zusammenhang mit dem Haar verwendet.

Wenn Sie also vorhaben, ein kleines Unternehmen in der chemischen Industrie zu gründen, ist eine Ihrer Optionen, in die Produktion von Haar- und Schwefelcremes einzusteigen 8. Beachten Sie, dass die Marke und die Verpackung viel dazu beitragen, dass Sie Kunden gewinnen.

25) Produktion von Olivenöl

Die Herstellung von Olivenöl ist eine weitere Tätigkeit, die sicher der chemischen Industrie zugerechnet werden kann. Es gibt einen großen Markt für Olivenöl, so dass es sich lohnt, ein Unternehmen zu gründen. Wenn Sie ein Unternehmen in der chemischen Industrie gründen wollen, das nicht gefährlich ist und ein erfolgreiches und profitables Unternehmen ist, sollten Sie die Produktion von Olivenöl in Betracht ziehen. Achten Sie einfach auf das Markenimage, die Verpackung und die Qualität Ihrer Produkte.

26) Die Herstellung von Schmierstoffen

Ein weiteres sehr profitables und erfolgreiches Unternehmen in der chemischen Industrie, das ein Unternehmer, der ein Unternehmen in der chemischen Industrie gründen möchte, in Betracht ziehen sollte, ist ein Unternehmen zur Herstellung von Schmierstoffen. Es gibt einen großen Markt für Schmiermittelprodukte und es ist ein offenes Geschäft für Unternehmer, die bereit sind, in der Branche zu konkurrieren.

Wenn Sie wirklich mit der chemischen Industrie Geld verdienen wollen, sollten Sie die Gründung eines Unternehmens zur Herstellung von Schmierstoffen in Betracht ziehen. Es gibt eine breite Palette von Produkten, die Sie im Rahmen dieses Geschäfts herstellen können. Achten Sie einfach darauf, dass Sie Produkte von guter Qualität und in einer Verpackung anbieten.

27) Herstellung von Flüssigseife

Der flüssige Körperreiniger, die flüssige Autowäsche, das flüssige Geschirrspülmittel und das flüssige Mundwasser sind allesamt hochgradig marktfähige Produkte, und diese Produkte fallen in den Bereich der chemischen Produktionsindustrie. Wenn Sie also ein Unternehmen suchen, um in der chemischen Industrie zu starten, ein florierendes und profitables Unternehmen, ein Unternehmen, dessen Produkte täglich verwendet werden, dann ist eine Ihrer Optionen, in die Produktion von Flüssigwaschmitteln einzusteigen.

Dies ist ein Geschäft, das in kleinem Maßstab mit geringem Startkapital begonnen werden kann. Wenn Sie ein solches Unternehmen gründen wollen, sollten Sie darauf achten, dass Sie verschiedene Geschmacksrichtungen herstellen, damit Ihre Kunden die Wahl haben.

28) Herstellung von Kampferkugeln

Die Herstellung von Naphthalinkugeln, die gemeinhin als Kampfer bezeichnet werden, ist eine weitere leicht zu beginnende Tätigkeit in der chemischen Industrie. Naphthalinkugeln (Kampfer) werden verwendet, um zu verhindern, dass Kleidung in Kisten, Schränken und Taschen unangenehm riecht. Sie werden auch verwendet, um Kakerlaken und andere Insekten davon abzuhalten, sich in Schränken, Schränken, Taschen, Bücherregalen, Kisten und versteckten Ecken von Gebäuden einzunisten.

Es gibt in der Tat einen großen Markt für Naphthalinkugeln (Kampfer). Wenn Sie also vorhaben, ein kleines Unternehmen in der chemischen Industrie zu gründen, ist eine Ihrer Optionen, in die Produktion von Naphthalinkugeln (Kampfer) einzusteigen. Eine gute Sache an dieser Art von Geschäft ist, dass es jedem offen steht; es gibt keine Monopole in dieser Branche.

29) Herstellung von Defrisants und Shampoos

Die Herstellung von Haarglättern und Shampoos ist ein weiterer florierender und sehr profitabler Geschäftszweig der chemischen Industrie. Es gibt einen großen Markt für Haarglätter und Shampoos. Wenn Sie also planen, ein Unternehmen in der chemischen Industrie zu gründen, ein Unternehmen, das in kleinem Maßstab gestartet werden kann, ist eine Ihrer Optionen, in die Produktion von Haarglättungsmitteln und Shampoos einzusteigen.

Zwar gibt es viele Haarpflegeprodukte auf dem Markt, aber wenn Ihre Produkte von guter Qualität und gut verpackt sind, werden Sie wahrscheinlich nicht viel Mühe haben, Ihren eigenen Anteil am verfügbaren Markt zu gewinnen.

30) Herstellung von Säuren

Säuren wie Salpetersäure, Chlor, Phosphorsäure, Schwefelsäure, Titandioxid, Wasserstoffperoxid, Stickstoff, Ethylen, Ammoniak, Propylen, Polyethylen, Chlor und Ammoniumphosphate sind allesamt Säuren, die zu unterschiedlichen Zwecken verwendet werden. Am einfachsten sind diese Säuren in den Chemielaboren von Schulen und in chemischen Produktionsbetrieben zu finden. Es gibt in der Tat einen großen Markt für Säuren.

Wenn Sie ein Unternehmen in der chemischen Industrie gründen wollen, ist es daher eine Ihrer Optionen, in die Säureproduktion einzusteigen. Es ist wichtig, darauf hinzuweisen, dass es sich hierbei um einen sehr heiklen Wirtschaftszweig handelt. Daher ist eine entsprechende Unternehmenslizenz erforderlich, wenn Sie in den Vereinigten Staaten von Amerika und natürlich in den meisten Ländern der Welt legal arbeiten wollen.

31) Steigen Sie in die Produktion von Parfüms und Körpersprays ein.

Die Herstellung von Parfums und Körpersprays kann getrost der chemischen Industrie zugeordnet werden; Chemikalien sind die wichtigsten Rohstoffe, die bei der Herstellung dieses Produkts verwendet werden. Wenn Sie also planen, ein Unternehmen in der chemischen Industrie zu gründen, ein profitables und erfolgreiches Unternehmen, ist eine Ihrer Optionen, in die Produktion von Parfums und Körpersprays einzusteigen.

Zwar gibt es auch in diesem Bereich führende Marken, aber wenn Sie einen einzigartigen Duft anbieten können und Ihre Produkte gut markiert und verpackt sind, werden Sie wahrscheinlich Ihren eigenen Anteil am verfügbaren Markt erhalten.

32) Treten Sie in die Produktion von Feuerlöschern ein

Die Herstellung von Feuerlöschern ist ein weiteres florierendes und profitables Geschäft der chemischen Industrie. Zweifellos gibt es einen großen Markt für Feuerlöscher allein aufgrund ihrer Verwendung - zur Bekämpfung von Bränden. Tatsächlich ist es in den Vereinigten Staaten von Amerika und in den meisten Ländern der Welt Pflicht, Feuerlöscher in Gebäuden, Fabriken, Zügen, Schiffen und Autos zu haben. Es ist ein strafbares Vergehen, wenn Sie an den oben genannten Orten keine Feuerlöscher haben, und vor allem muss der Feuerlöscher gültig sein.

33) Geben Sie in die Produktion von Plastik- und Gummibehältern ein

Ein weiteres profitables und sehr erfolgreiches Geschäft, das ein Unternehmer in der chemischen Industrie erfolgreich starten kann, ist die Herstellung von Kunststoff- und Gummibehältern. Kunststoff- und Gummibehalter werden für viele Zwecke verwendet, von der Lagerung von Wasser und Chemikalien bis hin zur Lagerung von Kraftstoffen und Speiseol etc. Wenn Sie ein Unternehmen in der chemischen Industrie gründen wollen, ist die Herstellung von Kunststoff- und Gummibehältern eine Ihrer Optionen.

34) Einzelhandel mit Kunststoff- und Gummiprodukten

Zu Hause, am Arbeitsplatz, in Schulen, Krankenhäusern, Hotels usw. finden Sie verschiedene Größen und Formen von Kunststoffprodukten (Behältern). Dies zeigt, dass es einen großen Markt für Plastikprodukte (Plastikeimer, Plastikfässer, Plastikteller, Plastikeimer usw.) gibt. Wenn Sie also ein Einzelhandelsunternehmen im Zusammenhang mit Chemikalien gründen wollen, sollten Sie in Erwägung ziehen, ein Geschäft zu eröffnen, in dem Kunststoffprodukte im Einzelhandel verkauft werden. Dies ist in der Tat ein profitables Geschäft und es ist leicht zu starten und zu verwalten.

35) Geben Sie in den Verkauf von chemischen Produkten im Zusammenhang mit der Landwirtschaft ein

Landwirtschaftschemikalien sind Chemikalien wie Pestizide, Herbizide und andere Begasungschemikalien wie Unkrautvernichter usw. Wenn Sie also planen, ein einfaches Unternehmen zu gründen, ein Unternehmen, das in die chemische Industrie fällt, ein florierendes und rentables Unternehmen, dann ist eine Ihrer Optionen, in den Verkauf von Landwirtschaftschemikalien einzusteigen. Es gibt einen großen Markt für diese Produkte, vor allem, wenn Sie Ihr Geschäft in der Nähe eines landwirtschaftlichen Siedlungsgebiets angesiedelt haben.

Die Gründung eines solchen Unternehmens ist kein Spielzeug. Das liegt an dem enormen Fachwissen, das erforderlich ist, um den reibungslosen Ablauf der Dinge und die tägliche Verwaltung des Unternehmens zu gewährleisten. Das zeigt, dass Sie alle Schulungen absolvieren müssen, bevor Sie sich daran wagen.

36) Einstieg in den Verkauf von Reinigungschemikalien

Diejenigen, die in der Reinigungsindustrie arbeiten, sind zum großen Teil auf Reinigungschemikalien angewiesen, um ihre Kernaufgaben zu erfüllen, weshalb es einen großen Markt für Reinigungschemikalien gibt. Wenn Sie also planen, ein Unternehmen in der chemischen Industrie zu gründen, das einfach aufzubauen, rentabel und erfolgreich ist, besteht eine Ihrer Optionen darin, in den Verkauf von Reinigungschemikalien einzusteigen.

Stellen Sie einfach sicher, dass Sie Ihren Laden mit verschiedenen Marken von Reinigungschemikalien unterschiedlicher Hersteller bestücken, um Ihren Kunden Optionen zu bieten. Es ist auch sehr wichtig, dass Sie eine Marktanalyse durchführen, bevor Sie Ihr Geschäft mit Reinigungschemikalien auffüllen. Die Lieferung von Chemikalien direkt an Reinigungsunternehmen ist ein Weg, um enorme Umsätze zu generieren.

37) Steigen Sie in die Produktion von Tränengas und Pfefferspray ein.

Es ist üblich, dass die Polizei gegen Aufruhr Tränengas und Pfefferspray einsetzt, um Aufstände zu unterdrücken. Natürlich wissen Sie, dass die Polizei diese Produkte nicht herstellt; es sind die Leute in den Unternehmen, die dem Privatsektor angehören, die für die Herstellung solcher Produkte verantwortlich sind, abgesehen von seltenen Fällen. Wenn Sie also vorhaben, ein Unternehmen in der chemischen Industrie zu gründen, ist eine Ihrer Optionen, in die Produktion von Tränengas und Pfefferspray einzusteigen.

Es ist wichtig, darauf hinzuweisen, dass Sie in den meisten Ländern der Welt eine Sondergenehmigung und eine Sicherheitsfreigabe der Regierung benötigen würden, bevor Sie legal mit der Herstellung von Tränengas und Pfefferspray beginnen dürften.

38) Steigen Sie in die Zelluloidproduktion ein

Zelluloid wird bei der Herstellung von Filmen verwendet und es gibt einen großen Markt für dieses Produkt. Es besteht kein Zweifel daran, dass die Herstellung von Zelluloid in den Bereich der chemischen Industrie fällt. Wenn Sie also vorhaben, ein Unternehmen in der chemischen Industrie zu gründen, das ein gewisses Maß an Professionalität und Ausbildung erfordert und ein florierendes und rentables Unternehmen sein soll, ist eine Ihrer Optionen, in die Zelluloidproduktion einzusteigen.

Wenn Sie in einem solchen Unternehmen tätig sind, müssen Sie sich natürlich darüber im Klaren sein, dass Ihr Zielmarkt die Filmschaffenden sind, weshalb Sie Ihre Marketingstrategie so ausarbeiten müssen, dass Sie sie anlocken können. Stellen Sie auch sicher, dass Sie Ihre Marketing-Tentakel auf andere Ufer ausdehnen, die weit von Ihrem eigenen entfernt sind.

39) Einstieg in die Produktion von Einbalsamierungschemikalien

Eine weitere erfolgreiche und profitable Tätigkeit in der chemischen Industrie, die ein Unternehmer in Betracht ziehen sollte, ist der Einstieg in die Produktion von Einbalsamierungschemikalien. Leichenhallen auf der ganzen Welt sind auf Einbalsamierungschemikalien angewiesen, um die

Leichen zu konservieren. Es gibt also einen Markt für Einbalsamierungschemikalien, da es unvermeidlich ist, dass Menschen sterben. Wenn Sie also ein Unternehmen suchen, um in der chemischen Industrie zu starten, besteht eine Ihrer Optionen darin, in die Produktion von Einbalsamierungschemikalien und vielleicht auch anderen ähnlichen Produkten einzusteigen.

40) Herstellung von Reifen

Die Herstellung von Reifen ist ein weiterer Bereich der chemischen Industrie, den ein Unternehmer in Betracht ziehen sollte, um damit zu beginnen. Reifen werden von Flugzeugen, LKWs, Autos, Fahrrädern, Velos, Gabelstaplern und anderen Fahrzeugen verwendet. Das zeigt, dass es einen großen Markt für Reifen gibt.

Es ist eine Tatsache, dass es praktisch keine Stadt auf der Welt gibt, in der Sie keine Autos finden, weshalb der Verkauf von Reifen sehr profitabel und erfolgreich ist. Wenn Sie planen, ein Unternehmen zur Herstellung von Chemikalien zu gründen, sollten Sie die Gründung einer Reifenfabrik in Betracht ziehen.

Obwohl es sich um ein kapitalintensives Unternehmen handelt, ist es gleichzeitig ein profitables Unternehmen. Stellen Sie einfach sicher, dass Sie eine gute Marketingstrategie anbieten, da es viele Reifenhersteller gibt, mit denen Sie konkurrieren mssen.

41) Eine Zementfabrik starten

Die Zementherstellung ist ein weiteres chemikalienbezogenes Unternehmen, dessen Gründung ein Unternehmer in Betracht ziehen sollte. Die Gründung einer Zementproduktionsanlage kann kapitalintensiv sein, aber eines ist sicher: Sie werden keine Schwierigkeiten haben, Ihren Zement zu verkaufen, vor allem, wenn Sie zu einem wettbewerbsfähigen Preis verkaufen. Wenn Sie über ein solides Kapital verfügen, sollten Sie die Eröffnung einer eigenen Zementfabrik in Betracht ziehen.

Zum Beispiel ist diese Art von Geschäft in Afrika sehr profitabel, einfach aufgrund der massiven Bauarbeiten, die in ganz Afrika stattfinden. Das bedeutet nicht, dass Sie, wenn Sie außerhalb Afrikas leben, nicht erfolgreich mit der Herstellung von Zement beginnen können; natürlich wird Zement in allen Ländern der Welt verkauft. In dieser Branche herrscht ein sehr starker Wettbewerb, und Sie müssen daher eine Nische für Ihre Marke schaffen.

42) Herstellung von Methylalkoholen, GV-Lösungen und Jod

Die Herstellung von Spiritus, GV-Lösung und Jod ist eine weitere Tätigkeit, die sicher der chemischen Industrie zugeordnet werden kann; dies ist der Fall, weil die bei der Herstellung dieses Produkts verwendeten Rohstoffe Chemikalien sind. Wenn Sie also ein Unternehmen in der chemischen Industrie gründen wollen, das rentabel und erfolgreich ist, sollten Sie die Herstellung von Brennspiritus, JV-Farben und Jod in Betracht ziehen.

Dies sind Produkte, die Sie normalerweise in einem Erste-Hilfe-Kasten und natürlich in Schulen,

Büros, Fabriken und den meisten Haushalten finden. Wenn Sie mit der Herstellung dieser Produkte beginnen, achten Sie darauf, dass Ihre Produkte gut verpackt sind, damit Sie nicht zu sehr um den verfügbaren Markt kämpfen müssen.

43) Herstellung von Likören und Spirituosen

Schließlich ist die Herstellung von Likören und Spirituosen ein weiteres profitables und florierendes Geschäft, das sicher der chemischen Industrie zugeordnet werden kann. Liköre und Spirituosen werden in allen Ländern der Welt konsumiert; es gibt also einen großen Markt für Liköre und Spirituosen.

Wenn Sie also ein Unternehmen suchen, mit dem Sie in der chemischen Industrie starten können, ein Unternehmen, dessen Produkte sich gut vermarkten lassen, dann ist eine Ihrer Optionen, in die Produktion von Likören und Spirituosen einzusteigen. Obwohl es viele Unternehmen gibt, die sich mit der Herstellung von Likören und Spirituosen beschäftigen, hält Sie das keinesfalls davon ab, Ihr eigenes Unternehmen zur Herstellung von Likören und Spirituosen zu gründen.

Wenn Sie wissen, wie Sie Ihre Produkte verpacken, kennzeichnen und bewerben, werden Sie bei entsprechendem Fleiß sicherlich Ihren eigenen Anteil am Markt gewinnen. Das Wichtigste ist eine gut geplante Marketingstrategie.

VI. Formulierungsideen für den Anfang

Diese Formulierungen berücksichtigen nicht die gute Herstellungspraxis, die wir im nächsten Band entwickeln wollen.

1) Getränke

J Weinherstellung

Wein wurde durch die Gärung von Trauben hergestellt. Die Qualität des Produkts wird durch die Traube, den Boden und die Sonne beeinflusst, was zu einer Variation des Geschmacks, des Bouquets und des Aromas führt. Die Farbe ist weitgehend von der Art der Traube abhangig und ob die Schalen vor der Gare gepresst werden. Die Weine werden in folgende Kategorien eingeteilt

1. 7 bis 14% Ethanol
2. 14 bis 30 % Ethanol mit Zusatz von Alkohol oder Brandy
3. Süß und trocken enthält noch einen Teil des Zuckers
4. Immer noch klein,

Rote oder schwarze Trauben werden zur Herstellung von trockenem Rotwein verwendet. Die Trauben werden durch eine Maischepresse getrieben, die sie mazeriert, aber die Kerne nicht zerquetscht. Auch ein Teil der Stiele wird entfernt. Schweflige Säure wird dem gewonnenen oder in Tanks enthaltenen Fruchtfleisch zugesetzt, um das Wachstum der wilden Hefen zu kontrollieren. Kalium- oder Natriummetabisulfit und/oder Natriumbisulfit können ebenfalls verwendet werden. Eine aktive Kultur ausgewählter und gezüchteter Hefen in Höhe von 3 bis 5 % des Saftvolumens wird hinzugefügt. Kühlschlangen sind notwendig, um die Temperatur unter 30 C der exothermen Gärung zu halten. Das freigesetzte Kohlendioxid transportiert die Stange und die Samen nach oben. Dies kann teilweise durch ein im Tank schwimmendes Gitter vermieden werden. In diesem Schritt werden Farbe und Tannin aus den Schalen und Kernen extrahiert. Wenn sich die Gärung verlangsamt, wird der Saft vom Boden des Tanks abgepumpt und steigt nach oben. Der Wein wird schließlich in die verschlossenen Lagertanks gegossen, wo die Hefe innerhalb von 2 bis 3 Wochen den restlichen Zucker vergärt. Der Wein wird 6 Wochen lang ruhen gelassen, um einen Teil der Schwebstoffe zu entfernen. Danach wird er zur Klärung abgezogen. Bentonit oder eine andere Diatomeenerde kann hinzugefügt werden (1 bis 8 g auf 4000 Liter Wein), um die Klärung zu erleichtern. Es bildet sich auch ein unlösliches Präzipitat mit dem Tannin. Zusätzliches Tannin kann ebenfalls hinzugefügt werden, und der Wein wird durch Diatomeenerde, Asbest oder Papiermasse abgezogen und gefiltert. Diese Prozesse hellen den Wein auf, verbessern seinen Geschmack und verkürzen die Reifezeit. Der Wein wird nach Handelsnormen korrigiert, indem er mit anderen Weinen verschnitten und mit Zucker, Säuren oder Tanninen versetzt wird. Das Standardverfahren besteht darin, bestimmte Weine zu kühlen, um rohe Argole oder saures Kaliumtartrat zu entfernen, die die kommerzielle Quelle für Weinsäure und ihre Verbindungen darstellen. Diese Behandlung ergibt auch einen stabileren fertigen Wein. Durch schnelle Alterungsmethoden, bei denen Pasteurisierung, Kühlung, Sonneneinstrahlung, ultraviolette Strahlung, Ozon, Rühren und Belüftung eingesetzt werden, kann ein guter Süßwein in vier Monaten hergestellt werden. Der Wein wird auf die übliche Weise abgefüllt, geklärt und anschließend gefiltert.

J **Fruchtsaftgetränke**

Erfrischendes Getränk

Ein geschmacklich erfrischendes Getränk kann wie folgt mit Hilfe eines Mixers, eines Rührers und eines Messers zubereitet werden:

Lösen Sie 3 Würfelzucker (oder nach Wahl) und 1 Teelöffel Natriumbikarbonat in 1 Glas gekühltem Trinkwasser auf. Fügen Sie 2 Esslöffel Zitronen- oder Limettensaft hinzu.

Pasteurisieren verlängert die Haltbarkeit des Getränks

Bei der Pasteurisierung wird Bier in Flaschen oder Dosen auf eine bestimmte hohe Temperatur gebracht, die über einen bestimmten Zeitraum aufrechterhalten wird, um die darin enthaltenen Mikroorganismen zu töten oder zu inaktivieren. Pasteurisiertes Bier ist "sauberer" und hat eine viel längere Haltbarkeit als unpasteurisiertes Bier.

Getränke mit Zitrusfrüchten, Ananas und Holunder

Die Zitrusfrucht (Orange) ist eine Saisonfrucht und ihr Saft muss verarbeitet/eingelagert werden, damit er die ganze Saison über für den Verzehr zur Verfügung steht.

Mithilfe eines Extraktors, eines Kessels, eines Erhitzers, eines Behälters (Flasche), eines Vakuum-Pasteurisierers, eines Behälters und eines Siegels kann Zitrusfruchtsaft wie folgt konserviert werden:

Putze 10 kg reife Orangenfrüchte. Schälen (je nach Extraktor). Im Extraktor zerkleinern. Fügen Sie 0,6 kg Kristallzucker hinzu. Pasteurisieren Sie unter Vakuum. In saubere sterilisierte Flaschen abfüllen.

Lassen Sie es abkühlen. Bis zu 6 Monate aufbewahren. Eisgekühlt servieren.

Hibiskussaft oder Folere

Der Extrakt aus *Hibiscus sabdariffa* hat einen höheren Nährwert und Mineraliengehalt als die bekannten und teureren Orangen- und Ananassäfte. Der Kelch von *Hibiscus sabdariffa* wird nach dem Kochen bei ca. 100 °C für eine Stunde extrahiert und der Extrakt durch Filtration getrennt.

Ein erfrischender Fruchtwein mit einer natürlichen, leuchtenden, weinroten Farbe kann wie folgt mit Hilfe eines Heizgerätes, eines Kessels und eines Siebes zubereitet werden:

1 Gallone Trinkwasser zum Kochen bringen. 2 Tassen (mittelgroße "Blue Band"-Tasse) getrocknete Sobo-Blüte hinzufügen und 10 Minuten köcheln lassen. Die Mischung durch ein Sieb filtern. 2 Tassen Kristallzucker und 2 Kappen Ananasgeschmack (oder Banane oder einen anderen Geschmack nach Wahl) hinzufügen. Kühl servieren.

Ingwergetränk

Ein erfrischendes Fruchtgetränk, das auch den Husten lindert, kann wie folgt mit einem Messer, einem Pürierstab, einem Rührstab und einem Sieb/Schmutzfänger zubereitet werden:

Schäle und zerquetsche 56 g frischen Ingwer und weiche ihn 24 Stunden lang in 1 Liter Trinkwasser ein. Filtern/passieren und unter Rühren 336 g Kristallzucker, 10 g Zitronensäure, 10 g Weinsäure und 10 g Limette (oder 'Bittersalz') hinzufügen. Kühl servieren

Ringe und Würfel aus Ananas

Mithilfe eines Messers, eines Erhitzers, eines Sirups, eines Autoklaven, eines Behälters, eines Vakuum-Pasteurisierers, eines Behälters und eines Siegels können Ananasscheiben wie folgt zubereitet werden:

Schäle 10 kg saubere Ananas und schneide sie in Ringe. Legen Sie die Ringe in Dosen und füllen Sie sie mit Sirup. Verschließe die Deckel der Dosen und erhitze sie, bis die Luft aus den Zellen der Dose, dem Sirup und der Ananas entwichen ist. Hermetisch verschließen und bei ca. 121 °C in einem kühlen Autoklaven sterilisieren, etikettieren und lagern. Frisch servieren.

J **Milchprodukte und Scheinprodukte**

Eis

Mit einer Schüssel, einem Schneebesen, einem Mixer/Blender, einem Kühlschrank/Gefrierschrank, einem Verpackungsschlauch und einem Siegel kann die Eiscreme wie folgt zubereitet werden:

1 Tasse (mittlere Größe Blue Band) Vollmilchpulver, 1,5 Tassen Kristallzucker, 1 Prise Farbstoff, 20 Dessertlöffel aufgelösten Stabilisator (zuvor durch Auflösen von 2 Dessertlöffeln Stabilisatorpulver in 1 Liter abgekochtem Wasser vorbereitet, umgerührt und 1 Stunde lang zugedeckt), 2 Kappen Banane oder Vanille oder ein anderes ausgewähltes Aroma in 3 Liter heißem Trinkwasser auflösen. In ein Verpackungsrohr verpacken, versiegeln und einfrieren. Frisch servieren.

Joghurt

Bei der bakteriellen Fermentation von Tiermilch entsteht Milchsäure. Die Denaturierung von Milchproteinen (Gerinnung, die zu einer Verdickung führt) senkt den pH-Wert. Früchte und Geschmacksrichtungen werden verwendet, um Abwechslung zu schaffen. Mit einer Schüssel, einem Schneebesen, einem Mixer/Blender, einem Kühl-/Gefrierschrank, einem Verpackungsschlauch und einem Siegel kann die Eiscreme wie folgt zubereitet werden:

Löse 2 Tassen (mittelgroßer blauer Streifen) Vollmilchpulver und 2 gestrichene Esslöffel Joghurtstarter in 2 Tassen Trinkwasser auf. Fügen Sie heißes, fast kochendes Wasser hinzu und rühren Sie kräftig, um schnell zu mischen. Lassen Sie die Mischung 3 bis 4 Stunden in der Schüssel stehen. Bewahren Sie den festen Joghurt im Kühlschrank auf. (Verwenden Sie 2 Esslöffel des entnommenen Joghurts für die nächste Charge. Der saure, wässrige Joghurt gerinnt während der Einnahme; in diesem Fall sollten Sie es erneut versuchen und den geronnenen Joghurt als Starterkultur verwenden). In einen Verpackungsschlauch verpacken, versiegeln und einfrieren. Kühl servieren.

Kunu

Mit einer Schüssel, einem Schneebesen, einem Mixer/Blender, einem Kühlschrank/Gefrierschrank, einem Verpackungsschlauch und einem Siegel kann Kunu wie folgt zubereitet werden:

Weiche 2 Tassen (mittlere Größe Blue Band) saubere Sorghumhirse 11 Stunden lang in Wasser ein.

Weiche 1 Tasse Hirse oder Joro und andere Zutaten 8 Stunden lang ein. Sorghum waschen und zu einer Pate zermahlen. Teile den Brei in zwei Teile (A & B). A A unter Rühren mit kochendem Wasser aufgießen und stehen lassen. B mithilfe eines Musselins sieben. Hirse und andere Zutaten mahlen und durch ein Sieb in die Hauptbrühe geben. Über Nacht aufbewahren. Zucker und Ingwer nach Geschmack zugeben und in Flaschen abfüllen. Kühl servieren.

J **Schnellrestaurants und verwandte Produkte**

Karamell

Dies wird als "Brünieren" bezeichnet, da es verwendet wird, um Brot, Kuchen, Schokoladengetränken, Malzgetränken, Bier usw. eine braune Farbe zu verleihen. Mit einem Kessel, einem Mischer und einem Erhitzer kann Karamell wie folgt zubereitet werden:

Erhitze 2 Tassen trockenen Kristallzucker, bis er schmilzt und braun wird. Füge 1 Tasse kochendes Wasser hinzu und rühre kräftig um, bis eine dunkelbraune, zähflüssige Substanz entsteht.

Brot

Mit Trog, Sieb, Fräse/Petrin, Mixer, Backformen und Backofen kann Brot wie folgt gebacken werden:

Siebe 10 kg Mehl in den Trog. 500 g Kristallzucker, 4 g Hefe, 2 g Salz und weiße Vitamin-C-Tabletten dazugeben und verrühren. 7 Tassen (400 g Teigpulver), 2 Tassen Pflanzenöl, 5 Dessertlöffel Milch, Aromaöl mit Vanille (oder Muskat oder Zitrone oder was auch immer) und Bräunung oder Karamell oder einen anderen Farbstoff nach Wahl (nach Geschmack) hinzufügen und zu einem weichen, aber nicht klebrigen Teig verrühren. Gut durchkneten (auf dem Tisch oder mit einer Walzenmühle, wenn keine Maschine vorhanden ist). Schneiden Sie den Teig auf das erforderliche Gewicht und gießen Sie ihn in die entsprechenden, gereinigten und öligen Formen (mit konischen Formen nach Geschmack). Bewahren Sie den Teig in den Formen auf, damit er ruhen und von der Hefe in einem warmen Raum für 3 bis 6 Stunden (je nach Hefegehalt) gehoben werden kann, um das "Aufgehen" zu gewährleisten. (Abgekochtes Wasser oder eine Dachausrüstung kann die Wärme und Feuchtigkeit liefern, die für eine gute Hefeaktivität erforderlich sind). Im Backofen bei mittlerer Temperatur 20-30 Minuten backen. (Die Öfen können mit Strom, Gas, Kerosin, Kohle oder Holz befeuert werden. Ein halb mit sauberem Sand gefüllter Topf, der mit Holz oder Kerosin erhitzt wird, ist eine gute Improvisation). Beachten Sie, dass der Teig in den ersten Minuten nach dem Betreten des Ofens ansteigt. Der Grund dafür ist die erhöhte Hefeaktivität, die zu einer höheren Produktion von Kohlendioxid führt, das den elastischen Teig dehnt. Mit steigender Temperatur denaturieren jedoch die Hefezellen, die Mehlstärke gefriert und die Brotkruste wird durch Karamellisierung braun. Das Brot zum Abkühlen aus dem Ofen nehmen. Verpacken.

Keks

Biscuit ist der britische Name für das, was die Amerikaner Cookie nennen. Die Ausrüstung, die man zur Herstellung von Keksen benötigt, besteht aus einer Rührschüssel, einem Brett, einem Cutter, einer Gabel, einem Messer, einem Zahnstocher, einem Backblech, einem Ofen und einem Heizkörper.

100 g Mehl werden in eine Schüssel gesiebt. 50 g Backfett werden in die Mischung gerieben, 50 g Kristallzucker hinzugefügt und alles zusammen verrührt. Ein wenig Wasser wird zu % geschlagenem Eiweiß hinzugefügt, das in die Mischung gegeben und zu einem sehr festen Teig vermengt wird. Der Teig wird geknetet, bis er glatt ist, und dann auf einem mit Mehl bestäubten Brett dünn ausgerollt. Der Keksschneider wird verwendet, um ihn in Formen zu schneiden. Lebensmittelfarbe kann verwendet werden, um Markierungen zu machen. Alle Teile werden in ein Backblech gelegt und 10 bis 15 Minuten im Ofen bei moderater Temperatur (Thermostat 4) gebacken. Gabel, Messer, Zahnstocher usw. werden verwendet, um den oberen, nicht gebackenen Teil des Kekses zu entnehmen. Sie werden abgekühlt. Sie können mit Streuzucker oder gesiebtem Puderzucker bestreut werden. Varianten können wie folgt erstellt werden: Für Biscuit Coco werden 50 g getrockneter Zucker hinzugefügt Biscuit Cerise werden 50 g glasierte Kirschen hinzugefügt.

Nahrung für Babys

Soja-Lack

Es ist ein eiweißhaltiges Getränk für Kinder und Erwachsene. Die Ausstattung besteht aus einem Mixer, einer Mühle, einem Sieb und einem Behälter.

6 Tassen Sojabohnen werden 24 Stunden lang eingeweicht, geschält, eine Stunde lang gedämpft, abgetropft und getrocknet. Es wird gebacken oder leicht frittiert, bis es goldbraun ist, gemahlen und gesiebt. 3 Tassen Mats werden eine Stunde lang gedämpft, getrocknet, gebacken oder leicht frittiert, gemahlen und gesiebt. 2 Tassen Erdnüsse werden grob gemahlen. Alle Zutaten werden gemischt.

Zum Servieren: 1 Tasse Zucker in die Mischung geben und mit lauwarmem Wasser umrühren.

Einige Bereiche des Unternehmertums, die es zu erforschen gilt

Kapitel VII
Der Chemiker und die Landwirtschaft

I. Agrochemikalien und ihre Bedeutung in der Landwirtschaft

Agrochemikalien sind chemische Wirkstoffe, die auf landwirtschaftlichen Flächen eingesetzt werden, um die Nährstoffe im Feld oder in den Kulturen zu verbessern. Sie verbessern das Wachstum von Nutzpflanzen, indem sie Schädlinge abtöten. Sie werden in allen Formen der Landwirtschaft wie Gartenbau, Milchwirtschaft, Geflügelzucht, Wanderfeldbau, kommerzielle Plantagen usw. eingesetzt. Der Artikel beleuchtet die verschiedenen Aspekte der Agrochemie.

A) Was ist eine Agrochemikalie?

Verschiedene Chemikalien, die in der Landwirtschaft verwendet werden, werden als Agrochemikalien oder Agrarchemikalien bezeichnet. Chemikalien wie Pestizide, Insektizide, natürliche Herbizide, Fungizidchemikalien und natürliche Nematizide fallen alle in die Kategorie der Agrochemikalien. Sie können auch synthetische Düngemittel, Hormone oder andere chemische Wachstumsförderer sowie Konzentrate aus tierischem Rohmist enthalten. Die Menge und die Qualität der landwirtschaftlichen Produkte werden durch Agrochemikalien verbessert.

Kurze Geschichte

Die Verwendung von Pflanzenschutzmitteln (Agrochemikalien) geht auf die Zeit der Sumerer vor 4500 Jahren zurück. Sie taten dies in Form von Schwefelverbindungen, wobei es sich hauptsächlich um Insektizide handelte [4]. Es ist anzumerken, dass Agrochemikalien eingeführt wurden, um die Kulturen vor Schädlingen zu schützen und die Ernteerträge zu steigern. Diese Agrochemikalien umfassten größtenteils Pestizide und Düngemittel [5]. Dies erklärt den Beginn der "Grünen Revolution" in den 1960er Jahren, als die Nutzung der gleichen Landfläche durch intensive Bewässerung und Mineraldünger wie Stickstoff, Phosphor und Kalium die Nahrungsmittelproduktion beträchtlich steigerte [6]. Diese Revolution förderte von den 1970er bis in die 1980er Jahre die Pestizidforschung, was zur Produktion von selektiveren Agrochemikalien führte. Die negative Seite dieser Revolution ist, dass die Schädlinge gegen diese Chemikalien chemoresistent wurden, was zur Folge hatte, dass neue Agrochemikalien entwickelt wurden, die eher Nebenwirkungen in der Umwelt verursachten.

B) Arten von Agrochemikalien

Zu den Agrochemikalien gehören Pestizide, Insektizide, Herbizide, Fungizide sowie Düngemittel und Bodenverbesserer. Insekten und Tiere stellen eine ernste Gefahr für Pflanzen dar. Wenn sie von einer Nahrungsquelle angelockt werden, könnte das Angebot dieser bestimmten Pflanze deutlich abnehmen. Wie der Name schon sagt, verteidigen Pestizide die Nutzpflanzen, indem sie diese Schädlinge zerstören, deaktivieren oder vermeiden.

Agrochemikalien lassen sich in fünf Kategorien einteilen:

1. ***Insektizide:*** Insektizide schützen Nutzpflanzen vor Insekten, indem sie diese töten oder ihren Befall verhindern. Sie helfen dabei, die Population von Schädlingen unter einem gewünschten Schwellenwert zu kontrollieren. Sie können nach ihrer Wirkungsweise klassifiziert werden:

a) Kontaktinsektizide: Sie töten Insekten durch direkten Kontakt und hinterlassen keine Restaktivitaten, so dass sie nur minimale Umweltschadungen verursachen.

b) Systemische Insektizide: Sie werden vom Pflanzengewebe absorbiert und vernichten Insekten, wenn sie sich von der Pflanze ernähren. Diese sind in der Regel mit einer langfristigen Residualwirkung verbunden. Tropische Klimabedingungen und eine hohe Produktion von Paddy, Baumwolle, Zuckerrohr und anderen Getreidearten in Indien haben den Verbrauch von Insektiziden katalysiert.

2. ***Fungizide:*** Pilze sind die am weitesten verbreitete Ursache für Ernteverluste. Fungizide werden verwendet, um den Krankheitsbefall von Nutzpflanzen zu kontrollieren, und werden verwendet, um die Nutzpflanzen vor Pilzbefall zu schützen. Es gibt zwei Arten - **schützende** und **eradizierende.** Schützende Mittel verhindern oder hemmen das Pilzwachstum und eradizierende Mittel töten die Schädlinge bei der Anwendung. Dies verbessert wiederum die Produktivität, verringert Erntefehler (und erhöht so den Marktwert der Ernte) und verbessert die Haltbarkeit und Qualität der geernteten Ernte. Fungizide finden Anwendung bei Obst, Gemuse und Reis. Die wichtigsten Wachstumsmotoren für Fungizide waren die Verlagerung der Landwirtschaft von Cash Crops auf Obst und Gemuse und die staatliche Unterstutzung von Obst- und Gemuseexporten.

3. ***Herbizide***: Herbizide, auch bekannt als Unkrautvernichtungsmittel, werden verwendet, um unerwünschte Pflanzen abzutöten. Ihr Hauptkonkurrent ist die billige Arbeitskraft, die zum manuellen Ausreißen des Unkrauts eingesetzt wird. Der Verkauf ist saisonal bedingt, da Unkraut bei feucht-warmem Wetter blüht und bei kaltem Wetter absterben kann. Es gibt zwei Arten von Herbiziden - selektive und nicht-selektive. Selektive Herbizide töten bestimmte Pflanzen ab und lassen die gewunschte Kultur unbeschadigt, wahrend nicht-selektive Herbizide fur die allgemeine Rodung des Bodens verwendet werden und zur Unkrautkontrolle vor der Anpflanzung von Kulturen eingesetzt werden. Da Unkraut bei feucht-warmem Wetter wächst und in den kalten Jahreszeiten abgestorben ist, ist der Verkauf von Herbiziden saisonal. Reis und Weizen sind die Hauptanwendungsgebiete für Herbizide. Steigende Arbeitskosten und Arbeitskräftemangel sind die wichtigsten Triebfedern für das Wachstum von Herbiziden.

4. Bio-Pestizide: Bio-Pestizide sind das neue Pflanzenschutzmittel, das aus natürlichen Substanzen wie Pflanzen, Tieren, Bakterien und bestimmten Mineralien hergestellt wird.

Sie sind umweltfreundlich, einfach zu verwenden; benötigen im Vergleich zu chemisch basierten Pestiziden geringere Dosierungsmengen für die gleiche Leistung. Derzeit ist der Markt für Bio-

Pestizide ein kleines Segment, doch wird erwartet, dass er in Zukunft dank der Unterstützung durch die Regierung und des wachsenden Bewusstseins für die Verwendung ungiftiger und umweltfreundlicher Pestizide wachsen wird.

5. ***Sonstiges:*** Begasungsmittel und ***Rodentizide*** sind Chemikalien, die die Kulturen während der Lagerung der Kulturen vor Schädlingsbefall schützen. Pflanzenwachstumsregulatoren helfen, den Wachstumsprozess der Pflanzen zu kontrollieren oder zu modifizieren und werden in der Regel bei Baumwolle, Reis und Obst verwendet. Insektizide dominieren den indischen Markt für Pflanzenschutzmittel und machen fast 53% des nationalen Marktes für Agrochemikalien aus. Herbizide entwickeln sich jedoch zum am schnellsten wachsenden Segment unter den Agrochemikalien.

C) Was versteht man unter agrochemischer Umweltverschmutzung?

Die Umweltverschmutzung durch die Landwirtschaft besteht aus biotischen und abiotischen Abfallen der Landwirtschaft, die zur Verschmutzung, Degradierung und/oder Schädigung der Umwelt und der umliegenden Ökosysteme beitragen, die den Menschen und ihren wirtschaftlichen Interessen zugefügt werden. Nahrungsmittel und Trinkwasser können durch Agrochemikalien verunreinigt werden, und die menschliche Gesundheit kann gefährdet sein. Dies kann sowohl zu einer physischen als auch zu einer chemischen Degradation und zu einer erheblichen Verringerung der Ernteertrage fuhren, da die Mikroflora und die Fauna im Boden verloren gehen. Die Auswirkungen von agrochemischen Emissionen auf unsere landwirtschaftlichen Systeme sind zahlreich. Die Verwendung von natürlichen und synthetischen Düngemitteln kann jedoch zu einem Überschuss an Nährstoffen führen, der Gesundheits- und Wasserprobleme verursachen kann. Der übermäßige Einsatz verschiedener Düngemittel wird weithin als agrochemischer Abfall bezeichnet und kann Nahrungsmittelkulturen und das Grundwasser verschmutzen. Nitrate können schnell in die Wassermassen eindringen und sind sehr löslich. In mehreren Nationen werden phosphatreiche Böden und hohe Phosphatwerte im Grundwasser nachgewiesen.

D) Unerwünschte Wirkungen

Agrochemikalien sind in der Regel giftig und können bei der Lagerung in Massenlagersystemen vor allem bei unbeabsichtigter Verschüttung erhebliche Umweltrisiken darstellen. Der Einsatz von Agrochemikalien ist in vielen Ländern mittlerweile stark reglementiert und für den Kauf und die Anwendung zugelassener Agrarprodukte können staatliche Genehmigungen erforderlich sein. Missbrauch, einschließlich unsicherer Lagerung, die zum Auslaufen von Chemikalien führt, chemisches Waschen und Verschütten von Chemikalien, kann zu erheblichen Strafen führen. Wenn solche Chemikalien verwendet werden, fallen sie auch unter obligatorische Regeln und Vorschriften, geeignete Lagereinrichtungen und Kennzeichnungen, Notfallausrüstungen, Notfallausreinigungsprotokolle, Schutzausrüstungen sowie Schutzmethoden für die Verarbeitung,

Anwendung und Entsorgung.

Zusammen mit Agrochemikalien konnen sie auch die Umwelt schaden, da sie das Wachstum von Pflanzen und Tieren steigern. Der übermäßige Einsatz von Düngemitteln hat zur Verschmutzung mit Nitraten beigetragen, einer chemischen Verbindung, die in großen Mengen für Mensch und Tier schädlich ist. Darüber hinaus konnen durch Dünger verschmutzte Flusse die Algenproduktion erhohen, was sich negativ auf den Lebenszyklus von Fischen und anderen Wassertieren auswirken kann.

E) Vorteile von Agrochemikalien

Trotz aller oben genannten Auswirkungen können Agrochemikalien, wenn sie sorgfältig gehandhabt werden, zu fruchtbaren Ergebnissen führen. Die Vorteile von Agrochemikalien beschränken sich nicht auf die Steigerung der Ernteerträge. Einige der Pestizide, die von Landwirten verbraucht werden, enthalten Krankheiten. Menschen, die Pflanzen essen, die mit pathogenen Organismen in Berührung kommen, waren diesen Krankheiten schon vor dem weit verbreiteten Einsatz von Pestiziden ausgesetzt. Diese Bedrohung ist aufgrund des verstärkten Einsatzes von Pestiziden auf Bauernhöfen auf der ganzen Welt viel geringer geworden. Mithilfe von Pflanzenschutzlösungen können Landwirte in Lebensmittelproduktionsprozessen den Ertrag und die Produktion von Nutzpflanzen steigern. Da Unkraut, Schädlinge und Krankheiten bis zu 40% der zukuenftigen landwirtschaftlichen Produktion weltweit beeinflussen, wuerde sich dies verstaerken, wenn der derzeitige Einsatz von Pestiziden beseitigt wuerde.

Die Nahrungsmittelproduktion würde sich ohne chemische Pflanzenschutzmittel verschlechtern, viele Obst- und Gemüsesorten würden fehlen und die Preise würden steigen. Ein weiterer wichtiger Vorteil von Pestiziden ist, dass sie dabei helfen, die Lebensmittelpreise für die Verbraucher zu kontrollieren. Chemische Pflanzenschutzmittel zur Minimierung und in einigen Fällen zur Beseitigung von Insektenschäden ermöglichen es dem Kunden, hochwertige insektenfreie Produkte zu kaufen und dabei nur wenig Schaden für das menschliche Leben anzurichten.

Chemische Pestizide werden in Kamerun in großem Umfang für die landwirtschaftliche Produktion eingesetzt. Im Jahr 2015 wurden mehr als 600 Pestizide für die Verwendung in verschiedenen Lebensmitteln zugelassen. Ein Großteil des Missbrauchs dieser Chemikalien durch Landwirte wurde sowohl im ländlichen als auch im städtischen Umfeld dokumentiert. Aus den Studien von Pouakam und Mitarbeitern für den Zeitraum von 2011 bis 2016 geht hervor, dass Pestizide, die mit Paraquat, Glyphosat, Cypermethrin und Metalaxyl formuliert wurden, am stärksten belastet waren. Darüber hinaus konnten sie feststellen, dass 78% der Vergiftungsfälle versehentlich auftraten, 12% waren Selbstmordversuche und 4% waren kriminell. Das bedeutet, dass bei der Entwicklung von agrochemischen Verbindungen darauf geachtet werden muss, dass sie sowohl für den Menschen als auch für die Umwelt nicht schädlich sind. Eine weitere Tatsache, die zu beklagen ist, ist die Einfuhr von Pestiziden aus den Nachbarländern, die besser reguliert werden muss, sowie die Qualität der auf dem Markt verkauften Pestizide, die regelmäßig überwacht werden muss.

Welche Parameter muss ein kamerunischer Agrochemiker bei der Herstellung eines Pflanzenschutzmittels berücksichtigen?

II. der kamerunische Agrochemiker muss sich an Patenten orientieren

Chemische Pestizide werden in Kamerun in großem Umfang für die landwirtschaftliche Produktion eingesetzt. Im Jahr 2015 wurden mehr als 600 Pestizide für die Verwendung in verschiedenen Lebensmitteln zugelassen. Ein Großteil des Missbrauchs dieser Chemikalien durch Landwirte wurde sowohl im ländlichen als auch im städtischen Umfeld dokumentiert. Aus den Studien von Pouakam und Mitarbeitern für den Zeitraum von 2011 bis 2016 geht hervor, dass Pestizide, die mit Paraquat, Glyphosat, Cypermethrin und Metalaxyl formuliert wurden, am stärksten belastet waren. Darüber hinaus konnten sie feststellen, dass 78% der Vergiftungsfälle versehentlich auftraten, 12% waren Selbstmordversuche und 4% waren kriminell. Das bedeutet, dass bei der Entwicklung von agrochemischen Verbindungen darauf geachtet werden muss, dass sie sowohl für den Menschen als auch für die Umwelt nicht schädlich sind. Eine weitere Tatsache, die zu beklagen ist, ist die Einfuhr von Pestiziden aus den Nachbarländern, die besser reguliert werden muss, sowie die Qualität der auf dem Markt verkauften Pestizide, die regelmäßig überwacht werden muss.

Welche Parameter muss ein kamerunischer Agrochemiker bei der Herstellung eines Pflanzenschutzmittels berücksichtigen?

1) Chemikalien und Landwirtschaft

In der Landwirtschaft sind die verwendeten Chemikalien Düngemittel, Insektizide, Herbizide und Pflanzenwachstumsregulatoren. Der kamerunische Gesetzgeber definiert diese Elemente wie folgt:
Düngemittel: "alle Stoffe oder Materialien, die einen oder mehrere Pflanzennährstoffe enthalten, die als solche anerkannt und verwendet werden, um das Wachstum und die Produktion von Pflanzen zu fördern". Pestizide: "Stoffe oder Stoffkombinationen zur Abwehr, Vernichtung oder Bekämpfung von Schädlingen, Krankheitsüberträgern und unerwünschten Arten von Pflanzen oder Tieren, die bei der Erzeugung, Verarbeitung, Lagerung, Beförderung oder Vermarktung von Lebensmitteln, Agrarerzeugnissen, Holz und forstwirtschaftlichen Nichtholzprodukten Schäden verursachen oder sich anderweitig als schädlich erweisen".
Artikel 2 des Gesetzes Nr. 2003/007 vom 10. Juli 2003, das die Aktivitäten des Subsektors Düngemittel in Kamerun regelt.
Was Insektizide, Herbizide und Pflanzenwachstumsregulatoren betrifft, so werden sie nach kamerunischem Recht in der großen Familie der Pflanzenschutzmittel zusammengefasst, die als "toute substance destinees à etre utilises en tant que regulateurs de croissance des plantes, Das Gesetz sieht vor, dass Pflanzenschutzmittel, die als Blättermittel, Trocknungsmittel, Mittel zur Ausdünnung von Früchten oder zur Verhinderung des vorzeitigen Fruchtfalls eingesetzt werden, sowie Stoffe, die vor

oder nach der Ernte auf die Kulturen aufgetragen werden, um die Produkte vor Verderb während der Lagerung und des Transports zu schützen, als Pflanzenschutzmittel gelten. Artikel 3, Gesetz Nr. 2003/003 vom 21. April 2003 zum Schutz der Pflanzengesundheit.
Es sei darauf hingewiesen, dass Stoffe hier definiert sind als chemische Elemente und ihre Verbindungen, wie sie in der Natur vorkommen oder industriell hergestellt werden, einschließlich aller Verunreinigungen, die zwangsläufig aus dem Herstellungsprozess resultieren.

In dieser Funktion kann der Betreiber oder Landwirt dazu aufgefordert werden, Zubereitungen mit Chemikalien durchzuführen, was ihn auf bestimmte Gesetze vorbereitet, die berücksichtigt werden sollten, insbesondere das Wissen über Chemikalien, die in der Landwirtschaft verboten sind, d. h. persistente organische Schadstoffe (POPs): POPs (Anhang 1).

- Verstöße und Strafen

Ohne Anspruch auf Vollständigkeit können wir einige Straftaten aufzählen, die den Umgang mit diesen Substanzen betreffen:

Artikel 3, decret n°2011/2585/pm du 23 aout 2011 fixant la liste des substances nocives ou dangereuses et le regime de leur rejet dans les eaux continentales "Sont interdits, la production, l'importation, le transit et la circulation sur le territoire national, des produits figurant à l'annexe A du present decret et tous les produits figurant à l'annexe A de la convention de Stockholm" (Die Produktion, die Einfuhr, die Durchfuhr und der Verkehr auf dem nationalen Hoheitsgebiet der in Anhang A des vorliegenden Dekrets aufgeführten Produkte und aller in Anhang A des Stockholmer Übereinkommens aufgeführten Produkte sind verboten). Es ist wichtig, dass sich der Leser auf die in diesem Artikel zitierten Anhänge bezieht. Wie in Artikel 4 des Dekrets festgelegt, sollte sich der Anwender bei allen Initiativen im Zusammenhang mit diesen Stoffen an das Ministerium wenden und daran denken, dass die Liste der in diesem Dekret vorgesehenen chemischen Stoffe durch einen Erlass des Umweltministers nach Stellungnahme der zuständigen Behörden geändert werden kann.

In Bezug auf die Haftung heißt es in Artikel 77 Absätze 1 und 2 des Gesetzes Nr. 96/12 vom 05. August 1996 über das Rahmengesetz zum Umweltmanagement: "... haftet zivilrechtlich, ohne dass ein Verschulden nachgewiesen werden muss, jede Person, die durch den Transport oder die Verwendung von Kohlenwasserstoffen oder chemischen, schädlichen und gefährlichen Stoffen oder durch den Betrieb einer klassifizierten Einrichtung einen Personen- oder Sachschaden verursacht hat, der direkt oder indirekt mit der Ausübung ihrer Tätigkeiten zusammenhängt" und dass "Die Wiedergutmachung des Schadens ... wird geteilt, wenn der Schädiger nachweist, dass der Personen- oder Sachschaden auf das Verschulden des Opfers zurückzuführen ist. Sie ist im Falle höherer Gewalt befreit". In Artikel 78 desselben Gesetzes heißt es: "Wenn die Tatbestandsmerkmale der Straftat aus einer landwirtschaftlichen Einrichtung stammen, kann der Eigentümer, der Betreiber, der Direktor oder je nach Fall der Geschäftsführer als verantwortlich für die Zahlung der von den Tätern zu zahlenden Geldbußen und Gerichtskosten und als zivilrechtlich verantwortlich für die Wiederherstellung des

Zustands des Geländes erklärt werden."

Die spezifischen Ordnungsstrafen sind in den Artikeln 81 und 82 des Gesetzes wie folgt geregelt:

"ARTIKEL 81 - (1) Mit einer Geldstrafe von zehn (10) Millionen bis fünfzig (50) Millionen FCFA und einer Freiheitsstrafe von zwei (2) bis fünf (5) Jahren oder nur einer dieser beiden Strafen wird bestraft, wer schädliche oder gefährliche Stoffe einführt, herstellt, vorrätig hält und/oder entgegen der Vorschriften verwendet.

(2) Bei einem Rückfall ist der Höchstbetrag der Strafe doppelt so hoch.

ARTIKEL 82. -(1) Mit einer Geldstrafe von einer Million (1.000.000) bis fünf Millionen (5.000.000) FCFA und einer Freiheitsstrafe von sechs (6) Monaten bis einem (1) Jahr oder nur einer dieser beiden Strafen wird bestraft, wer unter Verstoß gegen die Bestimmungen dieses Gesetzes die Umwelt verschmutzt, den Boden und den Untergrund schädigt, die Luft- oder Wasserqualität beeinträchtigt.

(3) Im Falle eines Rückfalls ist der Höchstbetrag der Strafen doppelt so hoch".

In Artikel 36 Absätze 1 und 2 des Gesetzes Nr. 2003/003 vom 21. April 2003 zum Schutz der Pflanzengesundheit heißt es: "Wer durch Ungeschicklichkeit, Nachlässigkeit oder Nichtbeachtung der Vorschriften vor, während oder nach einer Pflanzenschutzbehandlung eine Verschmutzung verursacht, wird mit den in Artikel 261 des Strafgesetzbuches vorgesehenen Strafen bestraft.." und "mit den in Artikel 289 (1) des Strafgesetzbuches vorgesehenen Strafen wird bestraft, wer unter den beschriebenen Umständen ... oben eine Vergiftung verursacht, die eine Behinderung zur Folge hat." In der Landwirtschaft verbotene Chemikalien: Siehe das Stockholmer Übereinkommen über persistente organische Schadstoffe, das am 22. Mai 2001 in Stockholm verabschiedet wurde, und das Rotterdamer Übereinkommen vom 11.09.1998 über das Verfahren der vorherigen Zustimmung nach Inkenntnissetzung für bestimmte gefährliche Chemikalien und Pestizide im internationalen Handel.

2) Patente als Inspiration für die Entwicklung von Agrochemikalien nutzen

a) Was ist ein Patent und warum wird es erteilt?

Ein Patent ist eine Form des geistigen Eigentums (IP), das dem Innovator/Erfinder ein gesetzliches Recht auf seine Erfindung/Innovation für einen begrenzten Zeitraum (20 Jahre) verleiht und anderen die Nutzung verbietet (siehe vorangegangene Kapitel). Es geht darum, die innovative Technologie zu ehren; die Kosten der Innovation wieder hereinzuholen; und eine Rendite für die Investition in die Entwicklung der Technologie zu erhalten. So hat jeder Innovator sein exklusives Recht an der entwickelten Forschung und Technologie und wird, wenn sie zur Nutzung offen ist, durch die Art und Weise, wie das Patentrecht vergeben wird, belohnt.

Als Vorteil der Innovation wird die Patentperiode von der ganzen Welt genutzt, und zwar nicht aus karitativen Gründen, sondern als Schutz vor anderen, die die Innovation in dieser Periode kopieren. Das Übereinkommen über handelsbezogene Aspekte der Rechte des geistigen Eigentums (TRIPS) verpflichtet die Mitgliedsländer, Patente für jede Erfindung, ob Produkt oder Verfahren, auf allen Gebieten der Technik ohne Diskriminierung zur Verfügung zu stellen, vorbehaltlich der normalen Kriterien der Neuheit, Erfindungshöhe und industriellen Leistungsfähigkeit. Anwendbarkeit. Artikel 27.1 des Abkommens verlangt auch, dass Patente verfügbar sind und dass Patentrechte ohne Diskriminierung hinsichtlich des Ortes der Erfindung und danach, ob die Produkte importiert oder lokal hergestellt werden, ausgeübt werden.

b) Vorteile patentfreier Moleküle (Public Domain)

Die agrochemische Industrie hat ein großes Interesse an Molekülen, die aus dem Patentschutz entlassen werden (oder nicht mehr im Patentschutz sind), da dies eine Chance für ihre eigene Geschäftsentwicklung bietet. Pestizidunternehmen, insbesondere in Entwicklungsländern, warten auf generische Wirkstoffmoleküle, da diese den Generikaherstellern enorme Chancen bieten, Agrochemikalien zu einem angemessenen und erschwinglichen Preis an die Landwirte zu liefern, um ihre Erträge vor Schädlingen und Krankheiten zu schützen.

Darüber hinaus sind generische Pestizide von gleicher Qualität wie die patentierten Pestizide, effektiv erschwinglich für kamerunische und globale Landwirte. Sie sind als Wirkstoffe zugelassen und funktionieren in der Kultur auf die gleiche Weise wie das patentierte Pestizid, mit dem Vorteil, dass sie viel billiger sind. Es ist wichtig zu wissen, dass patentierte und generische Pestizide demselben Genehmigungsverfahren der zuständigen Behörde für die Registrierung unterliegen. Es ist daher klar, dass ein generisches Pestizid genauso sicher und wirksam ist wie das ursprüngliche patentierte Pestizid und daher in der landwirtschaftlichen Gemeinschaft beliebt ist.

Generische Moleküle brechen die Exklusivität eines Unternehmens, das seine Patentrechte etwa 20 Jahre lang ohne einen einzigen Konkurrenten besessen hat. Die Exklusivität über einen so langen Zeitraum kann auf freien Märkten einschränkend wirken, da es keine Kontrolle über den Preis des Produkts gibt und dieser so hoch steigen kann, wie der Hersteller es wünscht. Seit vielen Jahren ist zu beobachten, dass Innovatoren beim Schutz oder der Erweiterung ihrer Patente immer aggressiver vorgehen. Die Hersteller von Generika machen etwa 30% der weltweiten Pestizidindustrie aus, vor allem aufgrund der steigenden Zahl nicht patentierter Moleküle und des Rückgangs neuer Wirkstoffe, die beide die generische Pestizidindustrie begünstigen, die im Vergleich zum Erfinder schneller gewachsen ist. oder Unternehmen, die in letzter Zeit auf Forschung und Entwicklung basieren.

c) Aktuelle Größe und Trend des Marktes

Es wurde beobachtet, dass 30-40% der patentfreien Wirkstoffe von den Herstellern von Generika übernommen werden. Von diesen werden diejenigen für Fungizide und Insektizide eher den Herbiziden vorgezogen. Etwa 60-70% der patentierten Moleküle werden aufgrund ihres begrenzten Marktes, der schwierigen Herstellung und der Nichtverfügbarkeit wichtiger Zwischenhändler nicht übernommen. Der ursprüngliche Erfinder/Entwickler arbeitet gegen die generischen Konkurrenten, indem er die Versorgung mit Zwischenhändlern und Rohstoffen kontrolliert, was für sie leichter ist, wenn Zwischenhändler und Rohstoffe selten sind.

Es wurde auch beobachtet, dass der Eintritt generischer Konkurrenten zu sinkenden Preisen führt. Um dies zu überwinden, entwickeln die Erfinderfirmen billigere und effizientere Herstellungsverfahren für die Moleküle, die nicht mehr patentiert werden. Da der Herstellungsprozess ebenfalls patentiert werden kann, hilft die Strategie der auf Forschung und Entwicklung basierenden Unternehmen ihnen, ihre Wirkstoffe zu schützen. In dieser Situation können Generikahersteller, obwohl der Wirkstoff nicht mehr patentiert ist, daran gehindert werden, ihn mit dem alternativen Verfahren herzustellen, wenn das neue, alternative Herstellungsverfahren noch geschützt ist. Viele Generikaunternehmen orientieren sich nun an der Entwicklung alternativer Herstellungsverfahren für generische Wirkstoffe. Ein Beispiel hierfür ist die Entwicklung eines alternativen Verfahrens zur Herstellung von Isoproturon ohne Verwendung von Isocyanat-Zwischenprodukten.

d) Difis für ginirische

Generika bieten gro?e Chancen, stellen die Hersteller aber auch vor Herausforderungen: wie schnell bringen sie die Produkte auf den Markt; wie bieten sie ihre Produkte auf einem unhandlichen und lauten Markt an, wo sie bereits unter einem gro?en Markennamen verfugbar sind; wie liefern sie kostengunstige und wirksame Generika, die auch kostengunstig sind, etc. Ein Hersteller von Generika steht immer dann vor diesen Herausforderungen, wenn er begeistert auf nicht patentierte Moleküle wartet. Um ihre Exklusivität zu wahren, versuchen Erfinder in der Regel, die Konkurrenz der Generikahersteller durch folgende Strategien zu verzögern:

- *Marktsegmentierung*
- *Know-how Synthese/Technologie/Fertigung*
- *Schutz von Registrierungsdaten (RDP)*
- *Rechte an geistigem Eigentum (IPR)*

e) Einige Moleküle, die bis 2030 in den öffentlichen Besitz übergehen werden

Es gibt etwa 22 Pestizidwirkstoffe, die in den nächsten 10 Jahren, d.h. zwischen 2021 und 2030, aus der PID-Periode ausscheiden werden. Diese sind: *Bixafen, Chlorantraniliprol, Cyantraniliprol, Fenpyrazamin, Flubendiamid, Fluopicolid, Fluopyram, Fluxapyroxad, Isopyrazam, Mandipropamid, Penflufen, Penthiopyrad, Pinoxaden, Pyriofenon, Pyroxsulam, Sedaxane, Thiencarbazon-methyl, Valifenalat, Benzovindiflupyr, Sulfoxaflor, Saflufenacil und Aminopyralid.*

Die Nachfrage nach einigen dieser technisch hochwertigen, nicht patentierten Moleküle auf dem Weltmarkt dürfte beträchtlich steigen. Es wird erwartet, dass die Größe des Marktes für diese Produkte bis zum Jahr 2026 4,1 Milliarden US-Dollar übersteigen wird. Der Grund dafür ist, dass Produkte wie *Chlorantraniliprole, Fluropyram, Fluxapyroxad, Cyantranilipore, Bixafen, Sedaxane,*

Fenpyrazamine und Flupicolide einen riesigen Markt haben. Die Industrie hat die Möglichkeit, insbesondere auf regulierten Märkten, Generika entsprechend der Marktnachfrage zu wählen, da so viele Produkte patentfrei werden. In Kamerun werden diese Generika den Herstellern von Generika sowie den Formulierern, die direkt oder indirekt betroffen sind, während die Produkte unter dem Schutz des geistigen Eigentums stehen, ein enormes Wachstum bringen.

3) Versuche zur Formulierung eines Pflanzenschutzmittels

❖ Ein natürliches Herbizid

Dazu verwenden wir zwei limonenreiche Pflanzen, *Ocimum canum* Sims (kleinblättriges Basilikum) und *Ocimum gratissimum* (großblättriges Basilikum). Diese beiden stark duftenden Pflanzen werden in der Nähe von Dörfern und in Gemüsegärten angebaut. Neben ihrer Verwendung als Gewürze werden sie auch als Insektizide eingesetzt (Mapi, 1988).

Unser Herbizid wird aus dem ätherischen Öl der beiden genannten Pflanzen mit einem geeigneten Trägerstoff und gegebenenfalls mit einem geeigneten Emulgator bestehen. Unsere Ölmischung, die als Wirkstoff fungiert, wird in der Zusammensetzung in einer Menge von etwa 5-70 Gew.-% enthalten sein. Für die Anwendung kann dieses Produkt 5- bis 15-mal verdünnt werden, um eine Endkonzentration von Zitronengras von etwa 0,3 bis 15 % zu erhalten. Die Zusammensetzung unseres Herbizids umfasst ätherisches Öl von *O. canum* und *O. gratissimum*, einen Stabilisator, ein Frostschutzmittel, einen Trägerstoff und Tenside.

Die Zusammensetzung umfasst :

Öl aus *O. canum* und *O. gratissimum*: 5-70 %.

Ein anderes Herbizid (Zitrusöl oder Zimtöl): 0-50%.

Tenside: 5-35 %.

Stabilisator: 0-8 %.

Frostschutzmittel: 0-6%

Wasser: 10-70 %.

Als Tensid werden wir *Sodium Lauryl Sulfate* (SLS) verwenden und als Frostschutzmittel wird es Polyethylenglycol (PEG) sein. Die Zusammensetzung kann darüber hinaus einen oder mehrere Stabilisatoren enthalten. Beispiele für Stabilisatoren sind, ohne darauf beschränkt zu sein, ein Mittel zur Einstellung des pH-Werts, um die Zusammensetzung zu einer schwächeren, neutralen Base oder einer schwachen Säure (pH 5-9, vorzugsweise pH 6-8) zu machen, wie Zitronensäure, Äpfelsäure, Natriumbicarbonat, Kaliumbicarbonat und so weiter.

❖ Ein Pestizid auf Knoblauchbasis

Zusammensetzung

Knoblauchextrakt: 60 %.

Baumwollsamenöl 25%

Zimtöl 0.5%

Natriumlaurylsulfat 10%

Natriumlaurylsulfat wird verwendet, um Knoblauchextrakt mit einem ätherischen Öl oder einem Mineralöl zu emulgieren.

Natürliches Pestizid Konzentrat wird daher

A: Knoblauchextrakt ;

B: ein Öl, ausgewählt aus der Gruppe bestehend aus Baumwollsamenöl; Das Volumenverhältnis von Knoblauchextrakt zu dem Öl liegt zwischen 5% und 98% Knoblauchextrakt zu 95% und 2% Öl; und, Wenn das konzentrierte natürliche Pestizid mit Wasser verdünnt wird, ist die Kombination von (A) und (B) ein wirksameres Pestizid, als wenn eine äquivalente Menge von (A) oder (B) allein verwendet wird.

Tabelle: Einige Moleküle mit Patentablaufzeit

Name des Moleküls	Größe des Marktes M$US, 2019	Name des Erfinders	Ablauf des Patents	Verwendung
Aminopyralid	160	Corteva Agriscience	2021	Breitspektrum-Unkrautvernichter für Weiden, Laufwege, Ölpalmen, Kautschuk, F&L und Getreide.
Benzovindiflupyr	419	Syngenta AG	2028	Breitspektrum-Unkrautvernichter für Weiden, Laufwege, Ölpalmen, Kautschuk, F&L und Getreide.
Chlorantraniliprole	1750	Corteva/FMC	2024	Zerkleinernde Insekten in Sojabohnen, F&L, Reis, Baumwolle, Mais, Kernobst, Zuckerrohr, Kartoffeln und Getreide.
Fenpyrazamin	1	Sumitomo Chemical	2022	Sehr wirksam gegen Grauschimmel, Stängelfäule und Braunfäule bei Obst und Gemuse.
Fluxapyroxad	491	BASF SE	2022	Breitspektrum-Fungizid für Getreide, Sojabohnen, Sonderkulturen und Rasen.
Mandipropamid	179	Syngenta AG	2023	Kraut- und Knollenfäule der Kartoffel und Tomate. Wird auch in Tabak, F&L und Wein verwendet.
Pyroxsulam	215	Corteva Agriscience	2024	Breitspektrumgramineen und breitblättrige Unkräuter in Getreide.
Thiencarbazon-methyl	155	er Crop Science	2024	Herbizid, das zur selektiven Kontrolle von Ungräsern und breitblättrigen Unkräutern vor allem in Mais verwendet wird.
Valifenalate	25	Ishihara	2024	Wird zur Kontrolle von Schimmel in vielen Kulturen, einschließlich Weintrauben, Kartoffeln und Tomaten, verwendet.

Kapitel VIII
Der Chemiker und Aquakultur

Im letzten Jahrzehnt stieg die weltweite Aquakulturproduktion beträchtlich an und erreichte im Zeitraum 1984-1994 eine durchschnittliche jährliche Wachstumsrate von 9,4%. Die gesamte weltweite Aquakulturproduktion liegt nun bei etwa 25,5 Millionen Tonnen, die auf 39,8 Milliarden US-Dollar geschätzt werden, und macht etwa 21,7 % der gesamten Anlandungen der Weltfischerei aus. China bleibt der größte Produzent und macht 60,4 Prozent der gesamten weltweiten Herstellung aus. In Kamerun betrug diese Produktion im Jahr 2018 2340 metrische Tonnen, wie aus der Sammlung der Entwicklungsindikatoren der Weltbank hervorgeht, die aus offiziell anerkannten Quellen zusammengestellt wird.

In der Aquakultur sind, wie in allen Bereichen der Lebensmittelproduktion, Chemikalien einer der externen Inputs, die für den Erfolg der landwirtschaftlichen Produktion notwendig sind. In den einfachsten extensiven Systemen kann dies auf Düngemittel (meist Mist) beschränkt sein, während in komplexeren semi-intensiven und intensiven Systemen eine breite Palette natürlicher und synthetischer Verbindungen verwendet werden kann. Es ist sicher zu sagen, dass Chemikalien, wie in der Landwirtschaft, eine wesentliche "Zutat" für den Erfolg der Aquakultur sind, die in verschiedenen Formen seit Jahrhunderten verwendet wird.

I. Chemikalien in der Aquakultur

1) Was sind Chemikalien?

Es gibt viele verschiedene Klassifizierungen und Arbeitsdefinitionen von "Chemikalien" (siehe Van Houtte, dieser Band). Dazu gehören die Klassifikation der "Drogengruppen" (siehe Alderman und Michel 1992), die Klassifikation des Internationalen Rates für Meeresforschung (ICES 1994), eine speziell für die Garnelenzucht entwickelte Klassifikation (siehe Primavera et al. 1993) sowie verschiedene Arbeitsdefinitionen für wissenschaftliche und rechtliche Zwecke. In der Aquakultur lassen sich Chemikalien nach dem Zweck der Verwendung, der Art der kultivierten Organismen, dem Stadium des Lebenszyklus, für das sie verwendet werden, dem kulturellen System und der Intensität der Kultivierung sowie nach der Art der Personen, die sie verwenden, klassifizieren.

2) Warum werden Chemikalien in der Aquakultur eingesetzt?

Chemikalien werden in der Aquakultur vielfältig eingesetzt, wobei die Art der verwendeten Chemikalien von der Art des Zuchtsystems und der gezüchteten Arten abhängt. Sie sind wesentliche Bestandteile in :

J Bau von Teichen und Reservoirs,

J Boden- und Wassermanagement,

Verbesserung der natürlichen Wasserproduktivität,

J Transport von lebenden Organismen

Formulierung von Lebensmitteln,

Manipulation und Verbesserung der Fortpflanzung,

Förderung des Wachstums,

J Gesundheitsmanagement, und

J Verarbeitung und Aufwertung des Endprodukts

Die Vorteile der Verwendung von Chemikalien sind zahlreich. Chemikalien steigern die Produktionseffizienz und reduzieren die Verschwendung anderer Ressourcen. Sie helfen dabei, die Produktion der Brutanstalt und die Effizienz der Fütterung zu steigern und das Überleben der Brut und der Jungfische auf eine marktfähige Größe zu verbessern. Sie werden neben vielen anderen Anwendungen zur Reduzierung des Transportstresses und zur Kontrolle von Krankheitserregern eingesetzt.

3) Bedenken bezüglich der Verwendung von Chemikalien

Der Einsatz von Chemikalien in der Aquakultur wirft einige wichtige Fragen auf. Diese beinhalten :

> Probleme der menschlichen Gesundheit im Zusammenhang mit der Verwendung von Lebensmittelzusatzstoffen, therapeutischen Wirkstoffen, Hormonen, Desinfektionsmitteln und Impfstoffen.

> Probleme der Produktqualität im Zusammenhang mit Fragen wie dem Vorhandensein chemischer Rückstände in Aquakulturerzeugnissen, ihrer Verwendung zur Verbesserung der Produktqualität und zur Herstellung von Mehrwertprodukten, der Notwendigkeit, die Verbraucher vor gefährlichen Anwendungen zu schützen, und den Problemen rund um die Verbraucherakzeptanz der Verwendung von Chemikalien bei der Produktion von Fisch und Schalentieren für den menschlichen Verzehr.

> Umweltprobleme wie die Auswirkungen von Aquakulturchemikalien auf Wasser und Sedimente (Nährstoffanreicherung, Belastung mit organischen Stoffen usw.), natürliche Wassergemeinschaften (Toxizität, Störung der Gemeinschaftsstruktur und Auswirkungen auf die biologische Vielfalt) und Auswirkungen auf Mikroorganismen (Schädigung von Mikrobengemeinschaften und Bildung arzneimittelresistenter Bakterienstämme).

> Der allgemeine Mangel an Wissen über die Wirkungen und den Verbleib von Chemikalien und ihren Rückständen in Zuchtorganismen und im Aquakultursystem selbst. Ebenso fehlen Informationen über die Wirkung und den Verbleib von Chemikalien in der aquatischen Umwelt im Allgemeinen (Auswirkungen auf nicht-kultivierte Organismen, Sedimente und die Wassersäule).

> Der Mangel an alternativen Mitteln zur chemischen Anwendung. Die Entwicklung von sehr spezifischen Zielen der Chemikalien, die die Nebenwirkungen und Umweltauswirkungen reduzieren,

sind notwendig. Die Verfügbarkeit von erschwinglichen Behandlungen, die für Aquakultur-Systeme geeignet sind, die Arten mit geringem Wert züchten, muss verbessert werden.

Die Bedenken hinsichtlich der menschlichen Gesundheit und der Umwelt im Zusammenhang mit dem Einsatz von Chemikalien in der Aquakultur spiegeln sich im Verhaltenskodex für verantwortungsvolle Fischerei der FAO wider (FAO 1995). Der Kodex fordert die Staaten dazu auf, :

> Fördern Sie wirksame Praktiken des Gesundheitsmanagements von Zuchtbetrieben und Fischen, die Hygienemaßnahmen und Impfungen begünstigen. Sichere, wirksame und minimale Verwendung von therapeutischen Wirkstoffen, Hormonen und Medikamenten, Antibiotika und anderen Chemikalien zur Krankheitsbekämpfung müssen sichergestellt werden. (Artikel 9.4.4).

> Die Verwendung von chemischen Inputs in der Aquakultur, die für die menschliche Gesundheit und die Umwelt gefährlich sind, regulieren. (Artikel 9.4.5)

4) Herausforderungen und Chancen

_J_ Zukünftige Probleme

Es gibt eine Reihe von aktuellen Trends in der globalen Aquakultur, die den Einsatz von Chemikalien auch in Zukunft zu einem Thema von Diskussionen und Debatten machen werden.

Die steigende Marktnachfrage, die Druck auf die Produktion hochwertiger Arten wie Garnelen und Lachs ausübt, kann wiederum zu einer verstärkten Intensivierung, ausgeklügelteren Zuchtsystemen und einer entsprechenden Zunahme des verantwortungsvollen und unverantwortlichen Einsatzes von Chemikalien führen.

Jüngste Maßnahmen wie das Übereinkommen über die Anwendung gesundheitspolizeilicher und pflanzenschutzrechtlicher Maßnahmen (GATT 1994) haben einen großen Einfluss auf die Bedingungen des internationalen Handels mit Aquakulturerzeugnissen, da sie sowohl den freien Warenverkehr erhöhen als auch die Exportländer zur Einhaltung einheitlicher Standards in Bezug auf Qualität, Produktionsverfahren usw. verpflichten. Verschiedene Organisationen haben tatsächliche und vorgeschlagene Standards (durch Gesetze, Abkommen, Verhaltenskodizes, Leitlinien usw.) in Bereichen wie Produktionsverfahren und Ethik, Mindestrückstandswerte (MRL), ADI, Wartezeiten für Chemikalien, die zur Behandlung und Prophylaxe verwendet werden, und Gesundheitsstandards für Wassertiere vorgeschlagen. Bei vielen dieser Fragen schreiten Politik und Gesetzgebung schnell voran und überholen die Fortschritte im technischen Wissen durch angewandte Forschung, die notwendig sind, um fundierte Entscheidungen zu treffen und die Umsetzung von Politik und Gesetzen zu unterstützen. Dies gilt insbesondere, wenn Standards für den Einsatz von Chemikalien in der Aquakultur festgelegt werden. Ein Beispiel ist der Bedarf an Forschungsdaten im Zusammenhang mit chemischen Rückständen in Aquakulturprodukten, wo Informationen über MRLs und Wartezeiten sowie für die Registrierung und Zulassung von Chemikalien benötigt werden.

Es ist klar, dass Chemikalien ein wichtiger Bestandteil von Aquakultursystemen sind und dass weitere Fortschritte in der Aquakulturindustrie, insbesondere in sich intensivierenden Systemen, in einigen Fällen auch weiterhin mit einem verstärkten Einsatz von Chemikalien verbunden sein können. Allerdings kann beispielsweise die Entwicklung von Impfstoffen auch zu einem geringeren Einsatz von therapeutischen Wirkstoffen führen, und der Einsatz von synthetischen Chemikalien ist nicht in allen Systemen notwendig.

Wichtigste Herausforderungen und Chancen

Es gibt drei große Gruppen von Personen, die direkt mit Aquakulturchemikalien zu tun haben: Hersteller und Händler, Landwirte und Verbraucher.

Hersteller und Händler sollten sich bemühen, "geeignete" Chemikalien herzustellen und zu liefern, die spezifisch für Arten und Systeme sind. Sie sollten die Verfügbarkeit erleichtern, indem sie für eine angemessene Versorgung mit diesen Chemikalien sorgen; sie sollten den Bauern genaue und angemessene Informationen zur Verfügung stellen und den illegalen Handel verhindern. Auch der Privatsektor sollte mehr Forschung und Entwicklung betreiben, um die schädlichen Auswirkungen von Chemikalien in Aquakultur-Systemen zu reduzieren, und sich bemühen, das öffentliche Bewusstsein für die Vor- und Nachteile des Einsatzes von Chemikalien zu verbessern.

Landwirte sollten sich bemühen, das On-Farm-Management des Chemikalieneinsatzes zu verstehen, um die Effizienz zu steigern und negative Auswirkungen zu minimieren. Sie sollten sich auch über die Vor- und Nachteile des Einsatzes von Chemikalien in jeder spezifischen Situation informieren. Aquakulturbetreiber sollten ihr Bewusstsein für die kurz-, mittel- und langfristigen Auswirkungen des Einsatzes einer ausgewählten Chemikalie schärfen.

Die Verbraucher sollten sich der gesundheitlichen Folgen einer unsachgemäßen Verwendung von Chemikalien bewusst sein. Sie sollten sich selbst über die Vorteile und Gefahren des Einsatzes von Chemikalien informieren und sich vor dem ungebührlichen Einfluss von Kritik an der Aquakultur schützen, die hauptsächlich auf emotionalen Argumenten beruht, die sich kaum auf wissenschaftliche Fakten stützen. Wenn die Beweise jedoch eindeutig auf die Notwendigkeit eines konstruktiven Wandels in der Aquakulturindustrie hinweisen, sollten die Verbraucher die auf dieses Ziel hin arbeitenden Interessengruppen unterstützen.

Politische Entscheidungsträger, Forscher und Wissenschaftler sollten zusammenarbeiten, um die Probleme beim Einsatz von Chemikalien zu lösen und so die negativen Auswirkungen zu verringern. Es besteht weiterer Forschungsbedarf, der sich auf die Beantwortung von Problemen im Zusammenhang mit der Verwendung von Chemikalien konzentrieren sollte. Mehr Forschungsanstrengungen sollten unternommen werden, um nicht-chemotherapeutische Lösungen für das Gesundheitsmanagement und die Kontrolle von Krankheiten zu finden.

Es ist notwendig, zwischen wahrgenommenen Problemen (d. h. subjektiven Meinungen) und potenziellen Gefahren (die vorherbestimmt und wissenschaftlich bewertet werden können) zu unterscheiden.

*

5) Bedenken hinsichtlich der Verwendung von antibakteriellen Mitteln

In der Aquakultur Die antibakterielle Chemotherapie war der Grundstein, auf dem die Aquakulturindustrie aufgebaut wurde. In dieser schnell wachsenden Industrie kam es zu zahlreichen Epidemien, da wilde Arten zunächst in Gefangenschaft gehalten wurden und bevor die volle Bedeutung der Umweltaspekte der Gesundheitskontrolle erkannt wurde. Anfänglich überstieg die Entwicklung vor Ort die Geschwindigkeit, mit der das gesamte wissenschaftliche Wissen, das der angewandten Chemotherapie zugrunde liegt, zusammengetragen wurde, und der Einsatz von Antibiotika war entscheidend, um den wirtschaftlichen Zusammenbruch vieler Aquakulturbetriebe zu verhindern. Zu Beginn war die antibakterielle Chemotherapie sehr effektiv, vielleicht in dem Maße, wie die Medikamente zur Steigerung der Erträge und zur Vermeidung teurerer Krankheitsbekämpfungsstrategien eingesetzt wurden. Leider hat dies zu Problemen geführt, und die Bedenken konzentrieren sich nun auf Behandlungsfehler, Umweltauswirkungen und Risiken für die menschliche Gesundheit. Antibakterielle Mittel können das Gleichgewicht der Umweltmikroflora stören, und dies ist das Thema eines späteren Artikels (siehe Weston, dieser Band). Das Risiko für die menschliche Gesundheit durch die Störung der Magen-Darm-Flora, die Selektion resistenter Stämme und Allergien wird ebenfalls an anderer Stelle behandelt (siehe Sinhaseni et al., dieser Band).

6) Ökologische Auswirkungen des Einsatzes von Chemikalien in der Aquakultur

Viele Aquakulturchemikalien sind von ihrer Natur her Biozide und erreichen ihren Zweck, indem sie Populationen von Wasserorganismen abtöten oder ihr Wachstum verlangsamen. Chemikalien, die auf diese Weise verwendet werden, umfassen :

> Schmutzabweisend
> Desinfektionsmittel
> Algizide
> Herbizide
> Pestizide
> Schädlingsbekämpfungsmittel
> Antibakterien

Für die Zwecke dieser Bewertung wird die Mortalität des Zielorganismus als Gegebenheit und aus der Sicht des Fischzüchters als wünschenswertes Ergebnis akzeptiert. Die Sterblichkeit einer Schädlingsart ist an sich ein okologischer Effekt mit potentiellen Auswirkungen auf das umliegende Okosystem, aber die implizite Annahme ist, dass der kommerzielle Wert der Eliminierung des

Schädlings den okologischen Wert seines Vorhandenseins uberwiegt. In dieser Diskussion liegt der Schwerpunkt auf den Auswirkungen auf Nichtzielarten.

Um die potentielle Bandbreite der okologischen Auswirkungen zu veranschaulichen, werden im Folgenden drei allgemeine Klassen von Aquakulturchemikalien diskutiert: 1) Pestizide, 2) Parasitizide und 3) Antibakterien. Diese Bewertung berucksichtigt nicht die Aspekte der menschlichen Gesundheit oder die Stimulierung der antibakteriellen Resistenz in naturlichen mikrobiellen Gemeinschaften, da diese beiden Themen an anderer Stelle in diesem Band behandelt werden.

Pestizide

Schädlingsbekämpfungsmittel

Organophosphorverbindungen werden manchmal in der Aquakultur für eine Vielzahl von Anwendungen eingesetzt, darunter die Kontrolle ektoparasitischer Krustentiere, die Behandlung von Infektionen mit Trematoden oder Zilies in Garnelenbrutanlagen oder die Entfernung von Mysidaceen aus Garnelenteichen. Sie werden unter verschiedenen Handelsnamen vertrieben, darunter Nuvan®, Neguvon®, Aquaguard®, Dipterex®, Dursban®, Demerin® und Malathion®. Neguvon® (Trichlorphon) und sein Nachfolgeprodukt Nuvan® (Dichlorvos) werden zur Behandlung von ektoparasitischen Krustentieren wie der Lachslaus, Lepeophtherius salmonis, bei Meeresfischen oder Argulus sp. und Lernaea sp. bei Süßwasserfischen eingesetzt.

Antibakterien

Antibakterielle Mittel werden in der Regel als Bad oder als Nahrungsergänzungsmittel verabreicht. Als Bad gibt es einen offensichtlichen Weg, nicht absorbierte antibakterielle Mittel über den Abfluss in die Umgebung freizusetzen. Aber auch als Nahrungsergänzungsmittel kann dieser Verlust entweder durch nicht aufgenommene Lebensmittelabfälle oder durch Ausscheidung in Kot oder Urin erfolgen. Oxytetracyclin, eines der weltweit am häufigsten in der Aquakultur eingesetzten antibakteriellen Mittel, ist in dieser Hinsicht berüchtigt.

7) Die Verwendung von Chemikalien in der aquatischen Ernährung

Verschiedene Chemikalien und Zusatzstoffe, die in Fisch- und Garnelenfutter verwendet werden, können Auswirkungen auf die Tiergesundheit, die Produktqualität und die Umwelt haben. Dieser Artikel befasst sich mit der Verwendung und den Auswirkungen von Vitaminen (Vitamin C und E), essentiellen Fettsäuren, Carotenoiden, Immunstimulanzien, Hormonen und Lockstoffen, die dem Fisch- und Krustentierfutter zugesetzt werden.

a) Vitamine

Bisher sind vier fettlösliche Vitamine und 11 oder 12 wasserlösliche Vitamine für Fisch bzw. Garnelen erforderlich. Vitaminmangel führt zu abweichenden biochemischen Funktionen und daraus resultierenden zellulären und organischen Funktionsstörungen, die sich allmählich in klinischen Mangelerscheinungen äußern.

Die geringe Intaktheit der Haut und des Epithelgewebes prädisponiert die Fische daher für Infektionen. Darüber hinaus sind die an der Generierung spezifischer und unspezifischer Immunreaktionen beteiligten Zellen metabolisch aktiv und können ebenfalls durch einen Vitaminmangel beeinträchtigt werden. Die meisten Studien über die positive Korrelation zwischen Vitaminen und der Immunantwort von Fischen beschränken sich auf die antioxidativen Vitamine C und E.

b) Essentielle Fettsäuren

Eicosapentaensäure (EPA) und Docosahexaensäure (DHA) in Fischen und Schalentieren sind essentielle Fettsäuren für Meerestiere, und diese hoch ungesättigten Fettsäuren werden auch vom Menschen benötigt. Hochgradig ungesättigte Omega-3-Fettsäuren (Q 3 HUFA) sind quantitativ die dominierenden Fettsäuren in Meeresfischen.

c) Carotenoide

Eine der augenscheinlichsten Funktionen von Carotenoiden in Lebensmitteln ist die Färbung von Wassertieren. Die Verwendung von Carotenoiden in der Fischzucht wird hauptsächlich mit der Pigmentierung des Fleisches von Salmoniden durch Astaxanthin und Canthaxanthin in Verbindung gebracht, oder mit Astaxanthin in den Schalen und im Fleisch von Garnelen und Hummern.

d) Immunstimulanzien e) Hormone

17 a Methyltestosteron Die Fahigkeit, das Geschlecht von Fischpopulationen zu kontrollieren, ware fur die Produzenten wirtschaftlich wichtiger Arten von Vorteil und eignet sich besonders fur produktive Arten wie Tilapien.

f) Attraktiv

Lockstoffe werden hauptsächlich zur Verbesserung der Futteraufnahme und des Wachstums eingesetzt. Bei Zuchtfischen kann die Förderung der Futteraufnahme die Überlebensrate erhöhen und die Produktionsintervalle verkürzen, während gleichzeitig die Futterverschwendung, die auch das Wasser verschmutzt, verringert wird. Außerdem würden wirksame Lockstoffe die Verwendung von faden Zutaten fördern, die normalerweise ungenutzt bleiben würden. Lockstoffe werden in halb-reinen Diäten in Studien zum Bedarf an Vitaminen, Mineralien oder Fettsäuren benötigt. Lockstoffe haben einen größeren Effekt auf die Futteraufnahme und das Überleben von Jungfischen im Stadium "Futterbeginn". Lockstoffe, die dem Futter zugesetzt werden, können auch dazu beitragen, die reduzierte Futteraufnahme während Krankheits- oder Stressphasen auszugleichen. Es wurde nachgewiesen, dass Aminosäuren, Nukleinsäure-ähnliche Verbindungen, Lipide und organische Verbindungen, die Stickstoffbasen und Schwefel enthalten, potenzielle Lockstoffe für Abalonen, Fische und Garnelen sind. Die wirksamen Verbindungen weisen einen großen Unterschied zwischen den Testtieren auf. Es wurde für alle Testtiere festgestellt, dass die Lockaktivitäten in den L-Aminosäuren vorhanden waren, nicht aber in den D-Typen. Wenn wirksame Verbindungen kombiniert wurden, wurden die Aktivitäten für alle Testtiere in den Kombinationen der Ordnung zwei, drei und vier am höchsten.

II. Der Chemiker und die Aquakultur in Kamerun

Kamerun plant, die massiven Fischimporte durch die Entwicklung der Aquakultur zu reduzieren, die eine hervorragende Lösung für die massive Nachfrage nach tierischem Eiweiß zu sein scheint. Daher ist es notwendig, Agrochemikalien zu entwickeln. Die von Ntsama und Mitarbeitern durchgeführten Studien haben gezeigt, dass die Ernährungspraktiken in der Aquakultur durch die Verwendung von lokal hergestelltem Futterpulver (31,7 %), Tiermist, Hühnerausscheidungen (20,5 %) und Schweinemist (18,7 %) charakterisiert sind. Was das Gesundheitsmanagement der Fische betrifft, so beziehen sich nur wenige Züchter (24,3 %) bei der Verschreibung auf einen Tierarzt und 51 % verwenden agrochemische Produkte wie Kalk, Dünger und Tierarzneimittel. Tetracycline werden am häufigsten zu Heilzwecken eingesetzt. Es ist daher wichtig, dass kamerunische Chemiker Produkte finden oder besser entwickeln, um die Produktion dieser Viehzucht zu steigern.

Anhänge und Referenzen :

1. Aquakultur und Nahrungsmittelkrise: Möglichkeiten und Einschränkungen I Chiu Liao, Nai-Hsien Chao
2. Ecological Effects of the Use of Chemicals in Aquaculture Donald P. Weston
3. Characteristics of fish farming practices and agrochemicals usage therein in four regions of Cameroon, 2018; Ntsama et al.
4.

Schlussfolgerung

Der vorliegende Band sollte den Chemiker mit den Werkzeugen der Ethik, des Rechts, des geistigen Eigentums und der Wirtschaft vertraut machen. Wir haben versucht, ihm zu erklären, warum es sinnvoll ist, diese Wissenschaften zu beherrschen, und ihm die interdisziplinäre Verbindung aufzuzeigen, die er mit ihnen herstellt, wenn er ein Molekül erfindet. Es ging ihm auch darum, die immense Aufgabe zu verstehen, die er als Chemiker und Unternehmer im Kampf gegen Arbeitslosigkeit, Hungersnot, Armut usw. zu erfüllen hat. Wir wagen zu behaupten, dass wir dieses Ziel für diejenigen erreicht haben, die dieses Buch von Anfang bis Ende gelesen haben. Wir möchten darauf hinweisen, dass die wesentlichen Informationen hier und da entnommen wurden, vielleicht kennen einige von Ihnen die genauen Quellen, verstehen Sie, dass es mehr darum geht, der breiten Masse verständlich zu machen, wie wichtig es ist, dass die Chemie im Dienste der Entwicklung Kameruns steht. Im nächsten Band werden wir den Chemiker noch besser mit industriellen Prozessen ausrüsten, damit er voll einsatzfähig ist.

CPSIA information can be obtained
at www.ICGtesting.com
Printed in the USA
LVHW110846020323
740706LV00006B/210